Yuer Baike Tupu

育儿百科
图谱

岳然/编著

中国人口出版社
China Population Publishing House
全国百佳出版单位

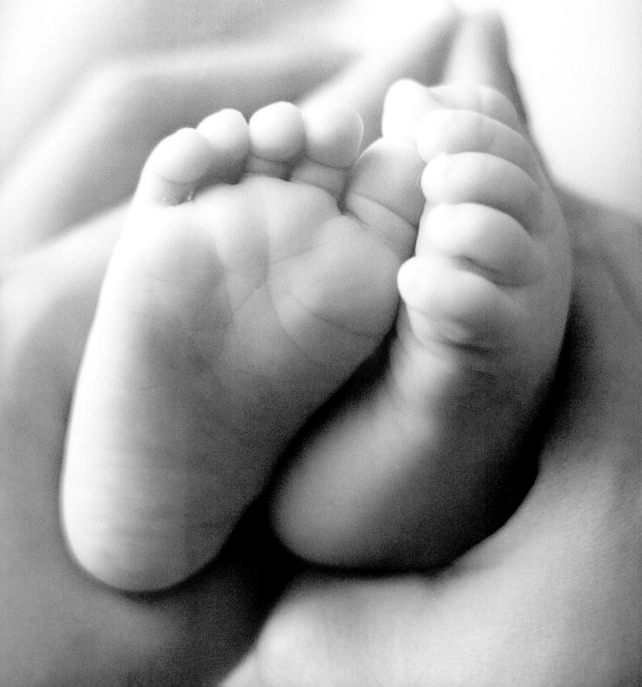

前言

　　时间飞逝，不知不觉中，你已经成为一个做妈妈的人，从怀胎十月的欣喜到慢慢熟悉身边可爱的小人儿，每一天思想都有如潮水般奔流不息。老人说，不养儿不知父母恩，这话的确没错。当你真正拥有了自己的宝宝，并尝试着将这个对世界完全陌生的小人儿一点一点地抚养长大，你就会知道，养育孩子有多难，责任有多重。

　　幸运的是，随着时代的不断进步，关于育儿方面的信息越来越多，也越来越具科学性、指导性。正因为如此，近年来，市面上出现了一大批育儿书籍，可如何选择一本适合宝宝的养育书又成了妈妈们的一大难题。鉴于这一点，我们编写了本书。

　　《育儿百科图谱》是献给父母育儿的知识和经验，其内容非常丰富，包括营养、护理、能力培养、早教启智、习惯培养、安全指导以及常见疾病的防治方法等。基本上将宝宝从出生到3岁这一阶段，父母在养育宝宝时会遇到的常见问题都列举出来了。而且每个问题都是比较具有实质性、前沿性的，解决的方法也都经过反复的论证，具有科学性、实用性。更摒弃了过多枯燥乏味的说教，尽量做到通俗易懂、贴近生活，解决方法一目了然，会让父母看了就懂，做了就会，收到理想的培养、教育孩子的效果。

　　翻开这本书，相信它定能成为你养育最棒孩子的好帮手！

目录

❀ 第2章 2~3个月的婴儿（29~90天）

❋ 第3章 4~6个月的婴儿（91～180天）

✿ 第4章 7~9个月的婴儿（181~270天）

第5章 10~12个月的婴儿（271～360天）

第6章 1岁1个月~1岁6个月的幼儿

第7章 1岁7个月~2岁的幼儿

第8章 2~3岁的幼儿

第9章 0~3岁宝宝常见病的防治

第 **1** 章

新生儿

（0~28天）

刚出生的宝宝

生理指标

体重	足月出生的宝宝如果体重超过2.5千克，就可以认为渡过了人生的第一关。一般刚出生宝宝的平均体重为3~3.3千克。若宝宝体重不足2.5千克，称为"未成熟儿"，必须采取特殊护理措施
身高	刚出生宝宝的平均身长为50厘米，男、女宝宝有0.2~0.5厘米的差别
头围	刚出生宝宝的平均头围为33~35厘米

新生儿样貌

四肢	刚出生的宝宝，四肢弯曲，拳头紧攥，足月的宝宝会长出指甲。当然也有宝宝出生后手指张开，但相对较少。没有足月的宝宝可能没指甲，但一般三四天内就能很快长出
面部	刚出生的宝宝面部较平，鼻梁不挺，眼睛稍肿，眉毛、睫毛已清晰可见
肤色	肤色多为粉红色，较瘦弱的宝宝可能出现皱纹。有些宝宝身上会有淡青色的印记，多出现在背部或屁股上，消失时间不定，少则一两个月，多则一两年也有可能
头型	自然分娩或者使用吸引器助产的宝宝，头部因为外力作用会出现不同程度的变形，看上去稍尖一些，但这不会影响宝宝大脑的正常发育；剖宫产出生的宝宝，脑袋一般是圆的
头发	刚出生宝宝的头发大多较为稀疏。但此时宝宝头发的多少并不能表明以后头发的好坏，因为它们会在6个月内全部脱落

宝宝的生长发育

宝宝1周内

体重减轻

新生宝宝出生后的1周内体重可能会有所下降，一般到出生后7~11天才会恢复到出生时的体重，这是生理性体重下降，妈妈无须担心。但如果宝宝的体重下降超过出生体重的30%以上，或在出生后第13~15天仍未恢复到出生时的体重，这是不正常的现象，说明有某些疾病，如新生儿肺炎、新生儿败血症及腹泻或母乳不足等，应作进一步检查。

1周后只要宝宝身体健康，一般平均每天可增加30~40克，平均每周增加200~300克，到满月时体重会比刚出生时增加600~1200克。

出生黄疸

多数宝宝出生后2~3天会出黄疸，即皮肤呈浅黄色，巩膜微带黄色，尿稍黄，无不适表现，第4~6天黄疸最明显，为生理性黄疸，大多在7天内消退。但若黄疸超过2周，或消退后又再次出现，有可能是病理性黄疸，要及时采取措施。

脐带脱落

新生儿脐带在3~6天内脱落，最好不要包扎。脱落后用75%的酒精消毒，局部

干燥结痂后才可泡在盆中洗澡，未干结前应进行上下身分别擦浴。（详细的护理方法请参考后文24页"怎样护理新生宝宝的脐带"。）

排大小便

健康宝宝一般会在24小时内排尿，但也有在48小时后排尿的健康宝宝。一般刚出生的宝宝排出的尿呈砖红色，这是正常现象，妈妈可不必担心。

新生宝宝一般在出生后12小时开始排胎便。胎便一般呈深绿色或黑色黏稠糊状，3~4天即可排尽。如果宝宝出生后24小时还没有排便，妈妈就要立即请医生检查，看是否存在肛门等器官畸形。

妈咪 宝贝 出生1周后的宝宝，各种条件反射都已建立，妈妈可以试一试分开他紧握的小手，当你用一个手指轻触宝宝掌心时，他会紧紧地握住你的手指不松手。

新生儿期的特殊生理现象

新生儿在出生后会出现一些特殊的生理现象，并不是病，妈妈可以大概了解一些，不必过于担心。

皮肤变黄

这就是前面说到的，宝宝出生后2~3天会出现黄疸。一般生理性黄疸除了皮肤发黄外，全身情况良好，无病态。

脱皮

小宝宝出生后3~4天全身开始"落屑"，有时甚至是一大块一大块地脱落，1~2周后一般就会自然落净，呈现出粉红色、非常柔软光滑的皮肤。不过，由于新生儿皮肤角质层较薄，脱皮时，父母千万不要硬往下揭，这样会损伤皮肤，引发感染。

马牙

马牙是指新生儿口腔腭正中线附近或牙龈边缘出现的黄白色的、米粒大小的颗粒。马牙是上皮细胞堆积所致，对身体没有影响，一般不需要处理，经过数周或数月可自行消退。若父母发现宝宝出现马牙时，千万不要用针扎或用布擦，以免引起感染。

螳螂嘴

新生儿口腔内两颊部，会堆积一小堆脂肪，俗称螳螂嘴。和马牙一样属正常现象，不需要处理，它们会自行消失。

抖动

新生儿会出现下颌或肢体抖动的现象，新手妈妈常常认为这是抽风，其实不然。因新生儿神经发育尚未完善，当他听到外来的声响时，往往会全身抖动，四肢伸开，这种反应并无大碍，妈妈不必紧张。

乳房肿大

新生儿出生后3~5天会出现乳房肿大，甚至肿大到像鸽蛋那么大，有些宝宝乳房还会有少量淡黄色乳汁分泌出来，一般到出生后8~10天达最高。男宝宝、女宝宝都可能发生，这也属正常的生理现象，一般2~3天后自行消退。出现这种情况时，父母不要挤压宝宝的乳房。

月经和白带

有的新生女宝宝在出生后5~7天，可见阴道有少量红色血液或白色黏液流出，类似于月经或白带，一般持续1~2天后就会自行消失，不必治疗。

以上两种情况都是因为女性怀孕时体内激素与催乳素等含量逐渐增多，到分娩前达到最高峰。这些激素会促进母体乳腺发育和乳汁分泌，而胎宝宝在母体内也受到了影响，出生后会有所表现。

妈咪 宝贝 新生宝宝偶尔会打喷嚏，但不是感冒引起的，妈妈千万不要随便给宝宝服用感冒药。遇到特殊情况，妈妈不要慌张，最好是咨询医生或向有经验的妈妈请教。

纯母乳喂养

产后没下奶能喂宝宝奶粉吗

宝宝出生后30分钟内，妈妈就要立即给宝宝喂奶。一般宝宝出生10~15分钟后就会自发地吮吸乳头。不过，有些妈妈不会一生产立即就有奶，而是在宝宝出生后1~2周才会真正下奶。但不管妈妈有没有奶，都必须让他多吮吸，多刺激妈妈的乳房，使之产生泌乳反射，才能使妈妈尽快下奶，直至足够宝宝享用。

有些妈妈担心几天没下奶，宝宝会饿，想在开奶前给宝宝喂些奶粉，这样可不可以呢？

在最初两天，主张不喂奶粉，而是时不时地让宝宝吮吸乳头。因为宝宝在出生前，体内已贮存了足够的营养和水分，可以维持到妈妈下奶，而且只要尽早给宝宝哺乳，少量的初乳就能满足刚出生的正常宝宝的需要。如果下奶前用母乳替代品喂宝宝，首先宝宝容易对牛奶产生过敏，其次宝宝吃习惯奶粉后会不爱吃妈妈的奶，妈妈就只能放弃母乳喂养，这对宝宝的成长不利。

但是，如果几天过后，妈妈仍然没有下奶，就不能盲目地坚持不给宝宝喂奶粉了。至于给宝宝喂奶粉后可能引起宝宝乳头错觉，以后不吸母乳的问题，这里教妈妈们一个比较好的方法：把奶粉放在小杯子里面冲开，再放一根细的软管，一头放在杯子里，一头在宝宝吮吸乳头的时候从宝宝嘴角塞到他嘴巴里，这样，他一边吮吸乳头一边可以吃到奶粉。这是个"善意的欺骗"，宝宝不知道吃的是奶粉，以后就不容易产生乳头错觉。要记住一定要让宝宝充分吮吸乳房，下奶后逐步减少奶粉，实现纯母乳喂养。

妈咪 宝贝

如果有必要喂宝宝奶粉时，妈妈千万不要用奶瓶、奶嘴，否则等妈妈有奶后，再让宝宝吮吸妈妈的乳头，宝宝就不愿意了。

给宝宝哺乳的正确姿势是什么

每次哺乳前，妈妈应先将双手洗净，用温热毛巾擦洗乳头、乳晕，同时双手柔和地按摩乳房3~5分钟，以促进乳汁分泌。

哺喂方法

1 躺着喂奶：分娩后的第一天妈妈会很累，这个时候一般建议妈妈躺着喂奶，将身体侧着。喂奶的时候让宝宝躺在床上而不要躺在妈妈胳膊上，这个时候宝宝的身体也要侧过来和妈妈面对面。把宝宝的鼻头对着妈妈的乳头，要把宝宝搂紧，注意搂紧的是宝宝的臀部而不是头部。

另外，妈妈要注意，躺着给宝宝喂奶时，千万不要睡着了。如果宝宝的头部被抱紧，而妈妈处于睡着的状态，就特别危险，可能会因为妈妈的乳房把宝宝的鼻子堵住而造成呼吸困难甚至窒息。

2 坐着喂奶：一般是在宝宝出生一段时间以后。妈妈应当坐在沙发或者床上这种比较舒服的地方，在医院的话可以把病床摇起来，尽量坐得舒服些。宝宝的姿势也需要注意，正确的姿势应该是宝宝的肚皮和妈妈的肚皮紧贴着，在宝宝身下垫个枕头，手要托着宝宝的臀部，让宝宝的头和身子成一条直线，宝宝的鼻头对着妈妈的乳头。然后再将乳头轻轻送入宝宝口

中，使宝宝用口含住整个乳头，并用唇部包覆大部分或全部的乳晕。

很多妈妈喜欢用手夹着乳头往宝宝嘴里放，这是不对的。正确的方法是：把乳头用手C字形托起，让宝宝含住乳晕。

妈咪　宝贝

在喂奶的过程中，妈妈可用食指和中指将乳头的上下两侧轻轻下压，以免乳房堵住宝宝鼻孔而影响吮吸。若是奶量较大，宝宝来不及吞咽时，可让宝宝松开乳头，喘喘气再继续吃。

如何掌握宝宝的哺乳时间和量

从理论上讲，母乳喂养是按需哺乳，没有严格的时间限制。但从生理角度看，新生儿的胃每3小时左右会排空1次。因此，新生宝宝的喂奶间隔应控制在3小时以内。

哺乳的时间和量

新生儿期，绝大多数宝宝需要每2~3小时喂奶1次，24小时喂奶10~20次，每次喂奶20~30分钟。不过，出生第一周内的宝宝，喂奶间隔时间可适当缩短，可以每隔1~2小时喂奶1次。以下是一个母乳喂养宝宝的喂奶时间，供参考：

1~7天，按需哺乳。每隔1~2小时喂奶1次，每次喂10~15分钟。

8~14天，每隔3小时喂奶1次，每次喂15~20分钟。

15~30天，每隔2~3小时喂奶1次，每次15~20分钟。

以上时间安排只是原则性的，妈妈要根据宝宝的具体情况，找到适合你和宝宝的喂奶时间。宝宝吃饱了，给奶也不吃；宝宝饿了，不喂奶就会哭。所以，如果到了喂奶时间，宝宝不吃，那就过一会儿再喂。如果还没到喂奶时间，宝宝就哭闹，喂奶就不哭了，就不要等时间。

喂奶时注意事项

1. 两侧乳房轮流喂奶比较好。一般来说，宝宝在开始喂奶5分钟后即可吸到一侧总奶量的80%~90%，8~10分钟吸空一侧乳房，这时应再换吸另一侧乳房。让两个乳房每次喂奶时先后交替，这样可刺激产生更多的奶水。

2. 吃完奶后，应将宝宝直立抱起，使宝宝的身体靠在妈妈身体的一侧，下巴搭在妈妈的肩头，用手掌轻轻拍宝宝后背，至宝宝打出气嗝。这样做可以避免宝宝吐奶。

妈咪 宝贝

如果晚上到了该给宝宝喂奶的时间，宝宝还没醒，就不要惊动他了，可延长1~2小时，等他饿了自然会醒来吃奶。

如何判断宝宝吃饱了

妈妈对宝宝是否吃饱了很是关心，由于宝宝无法直接用言语和妈妈沟通，妈妈就要学会通过观察来判断宝宝是否已经吃饱。如果宝宝吃完奶后，有以下表现，就表明宝宝已经吃饱了，妈妈无须担心。

1 喂奶前乳房丰满，喂奶后乳房较柔软。如果妈妈喂奶前乳房饱满，乳房皮肤表面青筋显露，用手挤时很容易将乳汁挤出，宝宝吃奶时有连续咽奶声，几分钟后吸奶的动作逐渐减慢，最后仅含着乳头或放掉乳头，表示母乳充足。喂完奶后乳房变得柔软，宝宝也就吃饱了。

2 宝宝吃奶后应该有满足感。如喂饱后他对你笑，或不哭了，或马上安静入睡，说明宝宝吃饱了。如吃奶后还哭，或咬着乳头不放，或者睡不到两小时就醒，说明奶量不足或宝宝没吃饱就被强行停止了。

3 如果宝宝吃饱了，一般尿布会24小时湿6次及6次以上；每天大便2~4次，色泽金黄，呈黏糊状、粥稠状或者成形。如宝宝尿量少，大便量少或出现多次稀薄发绿的大便，在没有生病的情况下，即可判断妈妈奶量不足或宝宝没吃饱。

4 看体重增减。一般来说，足月新生宝宝头一个月平均体重每天可增长30~40克，总共增加600~1200克。如果宝宝体重增长缓慢，说明母乳不足。

如果经过上面表现的观察，妈妈仍不确定宝宝是否吃饱，可以每次在宝宝吃完奶后，用手指点宝宝的下巴，如果他很快将手指含住吮吸则说明没吃饱，应稍加奶量。

妈咪 宝贝 　一般而言，只要妈妈乳汁正常分泌，宝宝在出生后的头两天只吸2分钟左右的乳汁就会饱，3~4天后可慢慢增加到20分钟左右，每侧乳房约吸10分钟。

母乳喂养的宝宝需要喝水吗

从理论上来讲，宝宝在出生后的前4个月，如果是采取母乳喂养的话是不需要喝水的，因为母乳中含有大量水分，完全能够满足宝宝对水的需求量。不过，由于宝宝新陈代谢旺盛，需水量较成人多些，如果妈妈本身不爱喝水，宝宝又出汗较多，可以给宝宝喝少量的水，以免宝宝因缺水引起身体不适。尤其是在炎热的夏天，宝宝如果出汗比较多，建议给宝宝喝少量的白开水。

一般可每天给宝宝喂1~2次白开水，时间可选在两次喂奶之间。在屋外时间长了、洗澡后、睡醒后、晚上睡觉前都可给宝宝喂点水，但必须注意在喂奶前不要给他喝水，以免影响喂奶。

至于一次给宝宝喂多少水，可随宝宝自己的意思，也就是说若喂他不愿意喝的话，也就不用喂了，说明母乳已经能够满足宝宝对水的需求量了。千万不可强行给宝宝喂水，因为喂水会减少吃奶的量，不利于营养素的摄入。

注意：烧开后冷却4~6小时的凉开水，是宝宝最理想的饮用水；宝宝出汗时应增加饮水次数，而不是增加每次饮水量。

夜间给宝宝喂奶需要注意什么

夜晚是睡觉的时间，妈妈在半梦半醒之间给宝宝喂奶很容易发生意外，所以妈妈晚上给宝宝喂奶时要注意以下几点：

保持坐姿喂奶

建议妈妈应该像白天一样坐起来喂奶。喂奶时，光线不要太暗，要能够清晰看到宝宝的皮肤颜色；喂奶后仍要直立抱，并轻轻拍背，待打嗝后再放下。观察一会儿，如宝宝安稳入睡，就保留暗一些的光线，以便宝宝溢乳时及时发现。

延长喂奶间隔时间

如果宝宝在夜间熟睡不醒，就要尽量少地惊动他，把喂奶的间隔时间延长一下。一般说来，新生儿期的宝宝，一夜喂2次奶就可以了。另外在喂奶过程中应注意，要让宝宝安静地吃奶，避免宝宝夜晚受惊吓，也不要在宝宝吃奶时与之嬉闹，以防止呛咳。每次喂完奶后应将宝宝抱直，轻拍宝宝背部使宝宝打出嗝来，以防止溢奶。

不要让宝宝叼着乳头睡觉

有些妈妈为了避免宝宝哭闹影响自己的休息，就让宝宝叼着乳头睡觉，或者一听见宝宝哭就立即把乳头塞到宝宝的嘴里，这样就会影响宝宝的睡眠，也不能让宝宝养成良好的吃奶习惯，而且还有可能在妈妈睡熟后，乳房压住宝宝的鼻孔，造成宝宝窒息。

母乳不足用什么方法催奶

首先不管妈妈有没有奶，或是有奶但奶量不足，都应让宝宝多吮吸。奶量实在不足时，可补充配方奶作混合喂养，但不可停掉母乳专门喂配方奶。同时要采取一些措施来促进乳汁的分泌。

下奶方法

1. 进食催乳食物：妈妈要多吃些有营养、能促进乳汁分泌的食物和汤水，如鲫鱼通草汤（不放盐）、黄豆猪蹄汤、鲜虾汤等，都能催奶分泌。

   另外，还可用药物催乳，用王不留行（有活血通经、消肿止痛、催生下乳的作用）10克、当归10克煎服，连服7天。或者补充维生素E，每次100毫克，每天2～3次，连服3天，也有增加奶量的作用。

2. 注意休息，保持愉快心情：精神因素对产后泌乳有一定的影响。产后妈妈要注意保持好心情，暂且忘掉烦恼，把家务先扔在脑后，充分地休养身体。不要总是对宝宝是否吃饱、是否发育正常等问题过多地担心。充分地相信自己，并保持乐观的情绪，这样才能使催乳素水平增高，从而使奶水尽快增多。

3. 对乳房进行按摩：每次哺乳前，先将湿热毛巾覆盖在左右乳房上，两手掌按住乳头及乳晕，按顺时针或逆时针方向轻轻按摩10～15分钟。经过按摩既能减轻产后妈妈的乳胀感，又能促使奶水分泌。

没有母乳只能用奶粉代替

如果采用一切办法都没母乳，就要开始考虑婴儿奶粉了，虽然母乳喂养的优点多，但如今的配方奶粉营养也不比母乳差多少，只要妈妈们分阶段正确给宝宝喂养奶粉，宝宝一样会健康成长。

宝宝不认乳头怎么办

有些新生儿触及妈妈乳头时又哭又闹不吃奶，或一触及即改为撮口做吮吸状不吃奶。这些现象称为乳头错觉，也就是宝宝不认乳头，这样会影响母乳的喂养，必须及时纠正。

宝宝不认乳头的原因

1 有些妈妈产后最初几天由于种种原因，没有给宝宝喂母乳，而是喂牛奶或糖水，导致宝宝不认乳头。

2 由于乳头平扁内陷，宝宝很难含住乳头。

纠正方法

纠正乳头错觉应根据具体情况而定，首先，哺乳时母亲应以坐位为好，使乳房下垂，便于宝宝含接。如果乳房过分充盈，可先温敷几分钟，挤出部分乳汁使乳晕变软，便于宝宝含接。

如果妈妈的乳头扁平内凹，则应在医务人员的指导下采用乳头吸出法将乳头吸出。

如果宝宝一触及妈妈乳头就哭闹，妈妈应有耐心，反复多练几次。妈妈可先挤出少许乳汁到宝宝口中，诱发宝宝吞咽反射。宝宝尝到母乳的味道就会停止哭闹，并进行吮吸。如果宝宝的嘴张大待乳汁流入再咽，也可以使用上述方法以促使宝宝吮吸。

如果宝宝触及乳头就撮口吮吸，妈妈可轻弹宝宝的足底，在宝宝张嘴欲哭时，将乳头及大部分乳晕迅速放入其口中，使宝宝产生有效吮吸。

妈咪 宝贝

虽然纠正乳头错觉有一定难度，但不能因此而放弃母乳喂养，以保证宝宝吃到最珍贵、最富有营养的乳汁。

宝宝吃奶时间太长是怎么回事

宝宝吮吸时间长没有什么好处，妈妈应改掉宝宝的这个习惯。

宝宝吃奶时间长的原因

1 妈妈乳汁分泌不足：妈妈的奶量不足时，宝宝会希望通过延长吮吸时间来满足对乳汁的需求。这时，妈妈就要想办法促进乳汁的分泌了，具体的方法请参考前文9页"母乳不足用什么方法催奶"的内容。

2 喂奶间隔短：妈妈不知道宝宝怎样才算是吃饱了，老是担心宝宝会饿着，只要一听到宝宝哭，就给他喂奶。这样宝宝每次都吃不到充足的乳汁，所以吃奶时间就相对较长。

虽然母乳是遵循按需喂养的规律，但仍然是有哺乳间隙的，至少2小时。对于吃奶间隔时间过短的宝宝，妈妈应该有意识地延长哺乳间隔时间，就能改掉宝宝吃奶时间过长的习惯。

3 吃奶不专心：很多宝宝都有含着妈妈乳头玩的坏习惯，觉得这样可以得到妈妈更多的爱。妈妈不能无限制地满足宝宝的要求，在宝宝吃饱的情况下，要及时停止喂奶。也就是说，如果宝宝吃奶20分钟后，妈妈没有听到吞咽声，就可以停止喂奶了。

妈妈中断宝宝吮吸行为后，如果宝宝以哭闹或其他方式抗议时，妈妈可采取转移目标或暂时回避的方式来安慰宝宝，这样会逐渐改掉宝宝的坏习惯。

妈咪 宝贝　巧妙拉出乳头的办法是：当宝宝吸饱乳汁后，你可用手指轻轻压一下宝宝的下巴或下嘴唇，这样做会使宝宝松开乳头；也可将食指伸进宝宝的嘴角，慢慢地让他把嘴松开，这样再抽出乳头就比较容易了。

宝宝吃母乳总拉稀怎么办

有些宝宝出生后没几天就开始每天多次排出稀薄大便，呈黄色或黄绿色，每天少则2~3次，多则6~7次，这让妈妈很是着急担心。但是宝宝一直食欲很好，体重让人满意。那么这是怎么回事呢？会不会影响宝宝健康呢？

上面提到的这种现象在医学上称为宝宝生理性腹泻，属正常现象，那是因为宝宝刚出生，胃肠功能还不是很好，妈妈的奶营养成分太高，无法都吸收，所以才拉稀。只要宝宝状态良好，妈妈大可放心。这种宝宝尽管有些拉稀，但身体所吸收的营养仍然很好，甚至超过一般宝宝。

不过，也有宝宝拉稀是因为妈妈吃了不适合的食物，如性质过于寒凉的食物、太过油腻的食物或不洁的食物。如果妈妈有类似的情况要及时改善。

对于生理性腹泻的宝宝，不需要任何治疗，不必断奶，一般在出生后几个月到半年的时候，也就是宝宝能吃辅食时，这种现象会缓解或消失，在此期间注意加强日常护理即可。因生理性腹泻多见于面部湿疹（奶癣）比较严重的宝宝，唯一问题是大便次数较多，所以，妈妈要及时给宝宝换尿布和清洗臀部，并用消毒油膏涂抹，以保护局部皮肤，以免引起红臀，甚至局部感染。

另外，父母在发现宝宝出现生理性腹泻时，要注意与其他腹泻的区别，仔细观察宝宝的大便性状、精神状况、尿量、体重增长情况，最好去医院确诊一下。

妈咪　宝贝

对于生理性腹泻的宝宝可不能让他禁食或减少进食量，父母应遵循少量多餐的原则，保证宝宝摄取量大于消耗量，要让宝宝吃饱。

妈妈乳头皲裂如何哺乳

妈妈乳头皲裂对哺乳肯定是有一些影响的，但可采用下面的方法来减轻乳头的疼痛和促使皲裂的愈合。

1 首先要特别注意局部的卫生，以防感染。如果只是较轻的小裂口，可以涂些小儿鱼肝油，喂奶时注意先将药物洗掉。乳头皲裂严重者应请医生进行处理。

2 每次喂奶前后，都要用温开水洗净乳头、乳晕，保持干燥清洁，防止再发生裂口。

3 哺乳时应先在疼痛较轻的一侧乳房开始，以减轻对另一侧乳房的吮吸力，并让乳头和一部分乳晕含吮在宝宝口内，以防乳头皮肤皲裂加剧。

4 哺乳后穿戴宽松内衣和胸罩，并放正乳头，有利于空气流通和皮损的愈合。

5 如果乳头疼痛剧烈或乳房肿胀，宝宝不能很好地吮吸乳头，可暂时停止哺乳24小时，但应将乳汁挤出，用小杯或小匙喂养宝宝。

怎样预防乳头皲裂

1 哺乳妈妈乳头皲裂多半是因为哺乳姿势不正确引起的，因此哺乳时一定要将乳头和乳晕一起送入宝宝的口中，尤其是乳头凹陷刚刚纠正的妈妈。

2 每次喂奶时间以不超过20分钟为好，如果乳头无限制地浸泡在宝宝口腔中，易扭伤乳头皮肤，而且宝宝口腔中也有细菌，可通过破损的皮肤致乳房感染。

3 喂奶完毕后一定要使用正确的方法使宝宝松开乳头，硬拉乳头易致乳头皮肤破损。

妈咪 宝贝

妈妈应经常用干燥柔软的方巾轻轻擦拭乳头，以增加乳头表皮的坚韧性，避免宝宝吮吸时发生破损。另外，不要用肥皂、酒精等刺激物清洗乳头，否则容易造成乳头过于干燥而皲裂。

人工喂养

人工喂养需要注意些什么

由于种种原因，很多妈妈不得不放弃母乳喂养宝宝，改为人工喂养。这时妈妈的心里一定有些遗憾，但也不必过于内疚，只要科学喂养，宝宝也可以健康成长。那么，人工喂养需要注意些什么呢？

1 定时定量喂养：虽然在奶粉的包装说明中一般都详细列出了宝宝的适用月龄和奶粉的用量，但仅供参考。因为个体有差异，用量的大小不可能完全一致，应该视具体情况而定。

2 奶嘴孔的大小：新生宝宝吮吸的奶嘴孔不宜过大，一般在15~20分钟吸完为宜，但也不宜过小，如果奶嘴孔过小，吸起来费力，宝宝就不愿意吸奶嘴了。奶嘴孔的大小以奶流出的速度适中为宜。随着月龄的增加，可以适当加大奶嘴孔。

3 人工喂养姿势：喂奶时，不要将奶嘴直接放入宝宝口里，而是放在嘴边，让宝宝自己找寻，主动含入嘴里；奶瓶不要倾斜过度，奶嘴内应全部充满奶液以防吸入空气而引起宝宝溢乳。

4 适量补充水分：人工喂养的宝宝必须在两顿奶之间补充适量的水，尤其是炎热的夏天，更要注意补充水分，每次以30~50毫升的温开水为宜。

5 补充维生素：由于人工喂养提供的营养不能满足宝宝的营养需求，所以应在出生后2周就开始补充鱼肝油和钙剂。鱼肝油中含有丰富的维生素A和维生素D，可每日1次，每次1~2滴。

妈咪 宝贝

宝宝的大便正常与否与牛奶的调配有着密切的关系，如果奶中脂肪过多，宝宝不仅大便增多，而且易出现不消化的奶瓣；如果奶中蛋白质过多，糖分过少，大便就易干燥或有奶块；如果糖分过多，大便就会发酸而稀，且有泡沫和气体。

记得给人工喂养的宝宝喂水

人工喂养的宝宝一定要注意喂水，因为宝宝的个体消化吸收系统有差异，无论是母乳+配方奶粉混合喂养还是人工喂养，均易因缺水等原因产生便秘情况。对于大多数的宝宝来说都是需要补水的。

那么每天给宝宝喂多少水合适呢？这要根据宝宝的年龄、气候等情况而定。一般情况下，白天在2次喂奶中间，应加喂1次水，每次可多可少，新生儿喂25~30毫升即可。气候较炎热、宝宝出汗较多或冬季较干燥时，或在宝宝发烧、尿黄、呕吐及腹泻的情况下，需增加喝水的次数。

总之，除了给宝宝喝婴儿配方奶粉外，给宝宝补水也是让宝宝健康成长必不可少的环节，但是因人而异，给宝宝补水少了肯定不行，也未必越多越好。希望每位妈妈都能把握合适的补水量，让宝宝健康快乐地成长。

另外要注意，夜间最好不要喂宝宝水，否则会影响宝宝的睡眠；宝宝喝白开水为宜，不要在开水里加糖或者加蜂蜜。

奶瓶、奶嘴如何清洗消毒

给宝宝使用奶瓶和奶嘴进行人工喂养时，必须进行消毒，保持清洁。给宝宝喂完奶后要倒出剩余的奶，然后反复刷洗奶嘴、奶瓶，口朝下放好，准备消毒。消毒的方法有很多种，妈妈要选择哪一种消毒方法需依照家里的条件来定。

1 煮沸消毒：将奶瓶放入消毒锅内，加入清水将奶瓶全部浸泡，水煮沸5~10分钟后，将奶嘴放入沸水中煮1~2分钟。消毒完成，将消毒好的奶瓶和奶嘴放置在干净的器皿上晾干，盖上纱布备用。

2 蒸气消毒：将清洗干净的奶瓶(倒放)和奶嘴放在蒸气消毒锅内，消毒锅要先加入一定量的水，再按下开关，几分钟就可完成消毒过程(消毒锅的使用说明上会注明时间)。

3 微波炉消毒：将奶瓶中加入10~20毫升水，用保鲜膜包起；奶嘴沉没在装有水的容器中，用微波炉加热2分钟左右就能完成消毒过程。

消毒过的奶瓶、奶嘴不要用手去触摸奶瓶口和奶嘴部位。

为了宝宝的健康，妈妈一定要坚持每天用消过毒的奶瓶和奶嘴给宝宝喂奶，特别是3个月以内的宝宝。

妈咪 宝贝

奶是细菌最好的培养基，如果吃剩的奶长时间地留在奶瓶里面，很容易繁殖细菌，再去清除掉已经长出的细菌是相当费事的，因此，用奶瓶给宝宝喂完奶后，要立即将奶瓶、奶嘴清洗干净。

日常生活护理细节

宝宝不同的哭声具有怎样的含义

宝宝一哭，妈妈就心急，其实妈妈若仔细观察，会发现，宝宝的哭声是不一样的，当然也代表不一样的意思。

1 饥饿：当宝宝饥饿时，哭声很洪亮，哭时头来回活动，嘴不停地寻找，并做着吮吸的动作。只要一喂奶，哭声马上就停止。而且吃饱后会安静入睡，或满足地四处张望。

2 感觉冷：当宝宝冷时，哭声会减弱，并且面色苍白、手脚冰凉、身体紧缩，这时把宝宝抱在温暖的怀中或加盖衣被，宝宝觉得暖和了，就不再哭了。

3 感觉热：如果宝宝哭得满脸通红、满头是汗，一摸身上也是湿湿的，被窝很热或宝宝的衣服太厚，那么减少铺盖或减少衣服，宝宝就会慢慢停止啼哭。

4 便便了：有时宝宝睡得好好的，突然大哭起来，好像很委屈，就可能是宝宝大便或者小便把尿布弄脏了，这时候换块干的尿布，宝宝就安静了。

5 不安：宝宝哭得很紧张，妈妈不理他，他的哭声会越来越大，这就可能是宝宝做梦了，或者是宝宝对一种睡姿感到厌烦了，想换换姿势可又无能为力，只好哭了。妈妈拍拍宝宝告诉他"妈妈在这儿，

别怕"，或者给宝宝换个体位，他又接着睡了。

6 生病：宝宝不停地哭闹，用什么办法也没用。有时哭声尖而直，伴发热、面色发青、呕吐，或是哭声微弱、精神委靡、不吃奶，这就表明宝宝生病了，要尽快请医生诊治。

妈咪 宝贝　一些宝宝常常在每天的同一个时间"发作"，或者不是因为什么原因，而是宝宝就是想哭。这个时候，要学会安抚宝宝，给宝宝唱歌、帮助他打嗝等都能有效地让宝宝停止哭泣。

让宝宝自己睡还是和妈妈一起睡

宝宝出生后，妈妈可以给宝宝一个专门的小床，让宝宝自己睡。但是，在出生后的前6周，妈妈都应该将宝宝的小床放在自己的床边，因为需要给宝宝频繁地哺乳。

母婴同室有利于母婴安全，刺激母乳分泌，方便妈妈随时哺喂，有利于促进宝宝健康发育和母婴感情，因此提倡母婴同室。但是母婴不宜同床，母婴同床睡觉，妈妈翻身的时候，有可能压着宝宝，对宝宝造成严重的伤害。

选择和装点宝宝的小床

1. 宝宝床的表面要光滑，没有毛刺和任何突出物；床板的厚度可以保证宝宝大一些的时候在上面蹦跳安全；结构牢靠，稳定性好，不能一推就晃。

2. 床的拐角要比较圆滑，如果是金属床架，妈妈最好自己用布带或海绵包裹一下，以免磕碰到宝宝。

3. 床栏杆之间的间距适当，宝宝的脚丫卡不进去，而小手又可伸缩自如。床栏最好高于60厘米，宝宝站在里面翻不出来。

4. 摇篮床使用中要定期检查活动架的活动部位，保证连接可靠，螺钉、螺母没有松动，宝宝用力运动也不会翻倒。

5. 选购好小床后，妈妈还可以用可爱的玩具和鲜艳的色彩装点宝宝的小床，因为宝宝不仅要躺在小床里睡觉、游戏，还要在小床里学站、练爬，甚至蹦蹦跳跳。

妈咪 宝贝

小宝宝不宜睡软床，应睡木床、平板床、竹床等。被褥应是质地柔软、保暖性好、颜色浅淡的棉布做的。

如何防止宝宝溢奶、呛奶

防止溢奶或呛奶

首先，给宝宝换尿布宜在喂奶前进行，避免吃奶后因换尿布宝宝大声哭闹而溢奶。其次，在给宝宝喂奶时，妈妈思想不能开小差，应仔细观察宝宝吃奶的情况。

1 如果听到宝宝咽奶声过急，或宝宝的口角有乳汁流出，就要拔出乳头，让宝宝休息一下再喂。

2 如果妈妈乳头正在喷乳(乳汁像线一样从乳头喷出)，应停止喂奶。妈妈可用手指轻轻夹住乳房，让乳汁缓慢地进入宝宝的口腔。

3 对容易溢奶的母乳喂养的宝宝，喂奶过程中可暂停1~2次，每次2分钟左右，妈妈最好把宝宝竖抱起来，拍拍后背，排出空气后，再继续喂。每次喂奶时不要让宝宝吃得过饱。

4 喂完奶后，要将宝宝竖抱起来，让宝宝趴在妈妈肩头上，轻拍后背，让宝宝打几个嗝，排出吞入的空气。

5 放下宝宝时，最好让宝宝采取右侧卧位。

6 切忌在喂奶后抱宝宝跳跃或做活动量较大的游戏。

呛奶的紧急处理

若宝宝平躺时发生呕吐，应迅速将宝宝的脸侧向一边，以免吐出物流入咽喉及气管；还可用手帕、毛巾卷在手指上伸入口腔内甚至咽喉处，将吐、溢出的奶水快速清理出来，以保持呼吸道的顺畅。

如果发现宝宝憋气不呼吸或脸色变暗时，表示吐出物可能已经进入气管了，应马上使宝宝俯卧在妈妈膝上或硬床上，用力拍打宝宝的背部4~5次，使其能将奶咳出，随后，妈妈应尽快将宝宝送往医院检查。

妈咪 宝贝

随着宝宝逐渐长大，溢奶和呛奶现象会逐渐减轻，6个月左右的时候就会自然消失了，所以父母不要担心。

宝宝用什么样的尿布好

选择尿布

　　纸尿裤和传统的棉布尿布都有各自的优越性。妈妈可以结合两种尿布的优点，交叉使用。白天宝宝不睡觉时，可以使用棉布尿布，一旦尿湿了就及时更换，小宝宝的皮肤娇嫩、敏感，棉布尿布非常吸水、透气，而且无刺激，既保护了宝宝娇嫩的皮肤，又省钱。晚上给宝宝使用纸尿裤，因纸尿裤持续时间长，在宝宝睡觉时，不会打扰他的睡眠，而且不容易浸透和漏出大小便，能保证宝宝充足的睡眠。

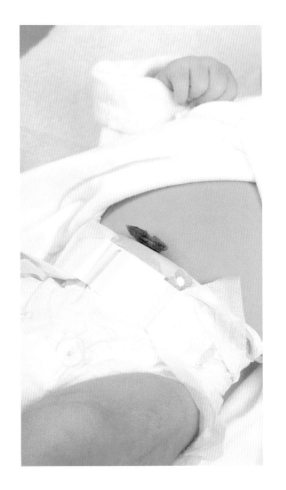

选购纸尿裤的注意事项

1 纯棉材质：纯棉材质的纸尿裤透气性能好，且触感柔软。舒服的触觉能让宝宝拥有安全感。

2 吸湿力强：纸尿裤中间要有一个吸水的里层，这样的纸尿裤能迅速将尿液吸入里层并锁定，能防止回渗，使表面保持干爽，让宝宝的屁屁感觉舒适。

3 设计人性化：挑选具有透气腰带和腿部裁高设计的纸尿裤。这样的设计能减少纸尿裤覆盖在宝宝屁股上的面积，让更多皮肤能接触到新鲜空气，有助于预防尿布疹。

4 尺寸合适：宝宝肚子与纸尿裤之间不会出现空隙，更不会在宝宝的大腿上留下深深的印痕。妈妈们最好在购买纸尿裤时给宝宝试用一下。

5 边缘柔软：有很多妈妈反映宝宝被纸尿裤的边缘割伤，所以，妈妈们在选择纸尿裤时不要忘了检查一下其边缘是否光滑柔软。

妈咪 宝贝 由于穿上纸尿裤会形成一个潮湿的环境，不利于皮肤的健康，所以取下纸尿裤后不要马上更换新的纸尿裤，给皮肤进行适当的透气，保持皮肤干爽，有利于减少尿布疹的产生。

如何通过大便判断宝宝的健康

宝宝的大便是与喂养情况密切相关的，同时也反映了胃、肠道功能及相关疾病。妈妈应该学会观察宝宝的大便，观察大便需观察它的形状、颜色和次数。

1 宝宝出生不久，会出现黑、绿色的焦油状排泄物，这是胎粪。这种情况仅见于宝宝出生的头2~3天。

2 宝宝出生后1周内，会出现棕绿色或绿色半流体状大便，充满凝乳状物。这说明宝宝的大便变化，消化系统正在适应所喂食物。

3 一般来说，母乳喂养的宝宝大便多为均匀糊状，呈黄色或金黄色，有时稍稀并略带绿色，有酸味但不臭，偶有细小乳凝块。宝宝每日排便2~4次，有的可能多至4~6次也算正常，但仍为糊状。宝宝此时表现为精神好、活泼。添加辅食后粪便则会变稠或成形，次数也减少为每日1~2次。

4 若是以配方奶粉来喂养，大便则较干稠，而且多为成形的、淡黄色的，量多而大，较臭，每日1~2次，有时可能会便秘。若出现大便变绿，则可能是腹泻或进食不足的表现，父母要留意。

5 有时候宝宝放屁带出点儿大便污染了肛门周围，偶尔也有大便中夹杂少量奶瓣，颜色发绿，这些都是偶然现象，妈

不要紧张，关键是要注意宝宝的精神状态和食欲情况。只要宝宝精神佳，吃奶香，一般没什么问题。

妈咪 宝贝

如果宝宝长时间出现异常大便，如水样便、蛋花样便、脓血便、柏油样便等，则表示宝宝有病，应及时去咨询医生并治疗。

宝宝大小便后如何处理

男宝宝

1 打开尿布，擦去尿液或粪便。

2 举起宝宝双腿(其中一个手指在其两踝之间)，用温开水清洗宝宝肛门和屁股，去尿布。

3 用温开水清洁大腿根部及阴茎部的皮肤褶皱。注意清洁阴茎下和睾丸下面。清洁睾丸下面时，应轻轻托起睾丸，清洗阴茎时，应顺着阴茎皮肤，不要拉扯阴茎皮肤，不要将包皮上推。

4 用小干软毛巾抹干尿布区，并在肛门、臀部、大腿内侧、睾丸附近擦上护臀霜。

女宝宝

1 打开尿布，擦去尿液和粪便。擦去粪便时应注意由前往后，不要污染外阴。擦洗大腿根部注意由上而下，由内向外。

2 举起宝宝双腿，用温开水清洗宝宝的肛门和屁股。

3 清洗外阴部，注意要由前往后擦洗，防止肛门细菌进入阴道。

4 用小干软毛巾抹干尿布区，并可在肛门、臀部、阴唇、外阴周围擦上护臀霜。

注意事项

1 用温开水清洗臀部，忌用生水，以防病菌侵袭。

2 注意水的温度要适宜，用手背或肘部去试温，以不冷不热为准，忌过冷过热。

3 清洗臀部时，室温要适中。

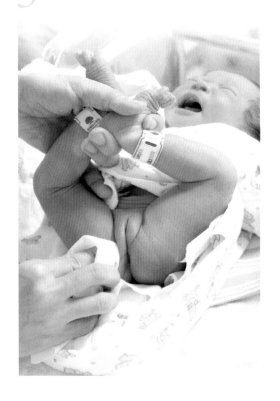

妈咪 宝贝

在清洗女宝宝外阴时，切记不可清洗阴唇里边，以免感染，招致疾病。

如何给新生宝宝洗澡

在洗澡之前，妈妈先将自己的手洗干净，摘下戒指等硬物。准备好婴儿沐浴露、小毛巾、大浴巾、水温计、澡盆、换洗的衣服、爽身粉、尿布、脐带护理盒。

关闭门窗，以避免宝宝着凉，室内温度控制在25~28℃，冬天可打开空调或电暖气，以增加室内温度。

放洗澡水的时候，一定要遵循"先凉水后热水"的原则，让水的温度逐渐升上来。浴室中如果还有其他电器用品的话，记得一定要拔掉插头，以免宝宝有触电的危险。

放好洗澡水之后，可以拿温度计测一下，一般水温在38~40℃，或妈妈用手肘测试一下水温，略微感觉到温热，就差不多了。

洗头的方法

妈妈坐在浴缸的边缘，让宝宝横跨在妈妈的双腿上，面对着妈妈(如果宝宝害怕水，这是特别有用的)。利用方巾用水将头发打湿。以指腹轻轻按摩宝宝头皮(不要用手抓)，同时要注意用手指头盖上宝宝的两只耳朵，以免耳朵进水。再用清水将头发冲洗干净，然后将方巾拧干，把头发擦干。

洗澡的方法

脱掉宝宝的衣服(洗头时不要全部脱掉，以免着凉)，在入水之前，先用温水将方巾蘸湿，轻轻地拍打一下宝宝的胸口、腹部，让宝宝对水有个初步的感觉，这样就不至于入水而感到突然不适应。然后将宝宝放在浴盆中，下面垫一块柔软的浴巾或海绵，用手掌支起颈部，手指托住头后部，让头高出水面，再由上而下轻轻擦洗身体的每个部位。如皮肤皱褶处有胎脂，应细心地轻擦，若不易去除，可涂橄榄油或宝宝专用按摩油后轻轻擦去。

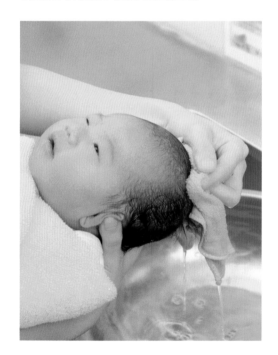

妈咪 宝贝

给新生儿、婴儿洗澡后不要擦爽身粉。如宝宝有潮红，可用煮沸冷却后的植物油或红霉素软膏涂擦。

宝宝的囟门如何护理

人的头颅是由两块顶骨、两块额骨、两块颞骨及枕骨等骨组成。宝宝出生时，这些骨骼还没有完全闭合，在头顶前形成一个菱角空隙为前囟门，在头顶后还有一个"人"形的空隙为后囟门。

宝宝出生时，前囟门为2.0厘米×2.0厘米大小，一般1~1.5周岁时闭合，后囟门一般在2~4个月就闭合。囟门是人体生理过程中的正常现象，用手触摸前囟门时有时会触及如脉搏一样的搏动感，这是由于皮下血管搏动引起的，未触摸到搏动也是正常的。囟门同时又是一个观察疾病的窗口，医护人员在检查宝宝时常常摸摸囟门来判断一些疾病。所以说宝宝的囟门是可以触摸的，并不像很多新手爸妈所想的那样，囟门不能碰、不能清洗。

宝宝囟门若长时间不清洗，会堆积污垢，这很容易引起宝宝头皮感染，继而病原菌穿透没有骨结构的囟门而发生脑膜炎、脑炎，所以囟门的日常清洁护理非常重要。

注意清洗

1 囟门的清洗可在洗澡时进行，可用宝宝专用洗发液而不宜用强碱肥皂，以免刺激头皮诱发湿疹或加重湿疹。

2 清洗时手指应平置在囟门处轻轻地揉洗，不应强力按压或强力搔抓，更不能以硬物在囟门处刮划。

3 如果囟门处有污垢不易洗掉，可以先用麻油或精制油蒸熟后润湿浸透2~3小时，待这些污垢变软后再用无菌棉球按照头发的生长方向擦掉，并在洗净后扑以婴儿粉。

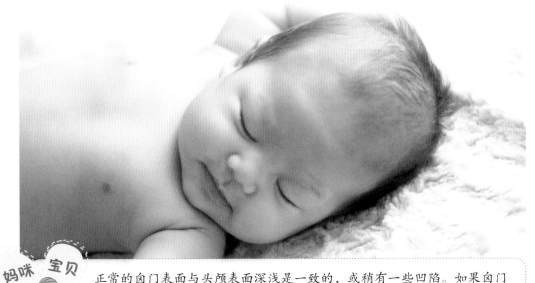

妈咪 宝贝

正常的囟门表面与头颅表面深浅是一致的，或稍有一些凹陷。如果囟门过度凹陷，可能是由于进食不足或长期呕吐、腹泻所造成的脱水引起的，最好去医院检查一下。

怎样护理新生宝宝的脐带

照顾新生宝宝，回家后头几天最需要注意的就是脐带护理。宝宝出生后7~10天，脐带会自动脱落，在脐带脱落前，为了避免脐带感染，一天至少要帮宝宝作3次脐带的护理。那么具体做法是怎样的呢？

用品准备

棉签、浓度为75%的医用酒精、医用纱布、胶带。

护理方法

1 将双手洗净，一只手轻轻提起脐带的结扎线，另一只手用酒精棉签仔细在脐窝和脐带根部细细擦拭，使脐带不再与脐窝粘连，再用新的酒精棉签从脐窝中心向外转圈擦拭消毒。

2 消毒完毕后把提过的结扎线也用酒精消消毒。

3 脐带脱落后，仍要继续护理肚脐，每次先消毒肚脐中央，再消毒肚脐外围，直到确定脐带基部完全干燥才算完成。

4 如果脐带根部发红，或脐带脱落后伤口不愈合，脐窝湿润、流水、有脓性分泌物等现象，要立即将宝宝送往医院治疗。

5 妈妈还要注意，干瘪而未脱落的脐带很可能会让幼嫩的宝宝有磨痛感，因此妈妈在给宝宝穿衣、喂奶时注意不要碰到它。如果这个时期的宝宝突然大哭，又找不到其他原因，那可能就是脐带磨疼他了。

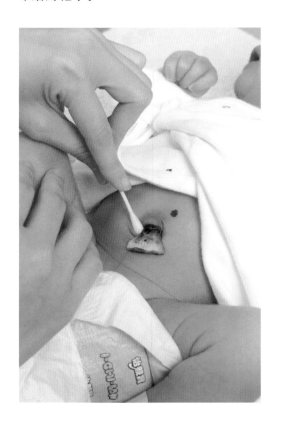

妈咪 宝贝

一定要保证脐带和脐窝的干燥，因为即将脱落的脐带是一种坏死组织，很容易感染上细菌。所以，脐带一旦被水或被尿液浸湿，要马上应用干棉球或干净柔软的纱布擦干，然后用酒精棉签消毒。脐带脱落之前，不能让宝宝泡在浴盆里洗澡。可以先洗上半身，擦干后再洗下半身。

可不可以给新生宝宝枕枕头

正常情况下，新生宝宝睡觉时是不需要枕头的。因为新生宝宝的脊柱是直的，平躺时，背和后脑勺在同一平面上，不会造成肌肉紧绷而导致落枕；加上新生宝宝的头大，几乎与肩同宽，侧卧也很自然，因此无须用枕头。如果头被垫高了，反而容易形成头颈弯曲，影响新生宝宝的呼吸和吞咽，甚至可能发生意外。如果为了防止溢奶，可以把新生宝宝的上半身适当垫高一些，而不是只用枕头将头部垫高。

3个月后可给宝宝枕枕头

宝宝长到3个月后开始学习抬头，脊柱颈段开始出现生理弯曲，同时随着躯体的发育，肩部也逐渐增宽。为了维持睡眠时的生理弯曲，保持身体舒适，就需要给宝宝用枕头了。

选择合适的枕头

高度：宝宝在3～4个月时可枕1厘米高的枕头，以后可根据宝宝不断地发育情况，逐渐调整枕头的高度。

软硬度：宝宝的枕头软硬度要合适。过硬易造成扁头、偏脸等畸形，还会把枕部的一圈头发枕掉而出现枕秃；过松而大的枕头，会使月龄较小的宝宝出现窒息的危险。

枕芯：枕芯的质地应用柔软、轻便、透气、吸湿性好的材料，可选择灯芯草、荞麦皮、蒲绒等材料填充，也可用茶叶、绿豆皮、晚蚕沙、竹菇、菊花、决明子等填充，塑料泡沫枕芯透气性差，最好不用。

大小：宽度与头长相等即可。

枕套：枕套最好用柔软的白色或浅色棉布制作，易吸湿透气。一般推荐使用纯苎麻布料，它在凉爽止汗、透气散热、吸湿排湿等方面效果最好。

妈咪 宝贝

枕芯一般不易清洗，所以要定期晾晒，最好每周晒一次。而且要经常活动枕芯内的填充物，保持松软、均匀。最好每年更换一次枕芯。

宝宝应该采取什么样的睡姿

宝宝的头型与枕头无关，与宝宝的睡姿有关。刚出生的宝宝，头颅骨尚未完全骨化，各个骨片之间仍有成长空隙，直到15个月左右囟门闭合前，宝宝头部都有相当的可塑性。

所以妈妈要注意，千万不要让宝宝只习惯某一种睡姿，这样，宝宝头部某一方位的骨片由于长期承受整个头部重量的压力，其生长的形状必然会受影响，容易把头型睡偏。妈妈应该每2~3小时给宝宝更换一次睡眠姿势。一般认为，平卧和侧卧是宝宝最好的睡姿选择，能保证宝宝头部正常发育，睡出漂亮的头型。但是一定不能忘记，侧卧时，还是应采取左侧卧和右侧卧交替的方法。

给宝宝换睡姿的方法

宝宝在睡眠比较浅的时候不要动他，他会不接受，会哭闹不安，会转到他喜欢的位置接着睡。在宝宝睡着15~20分钟，睡得比较沉的时候，帮助他改变一下体位，是循序渐进的改变，开始少一点，然后再多一点。

妈咪 宝贝

宝宝3个月后，妈妈可以给宝宝枕枕头，但这时的宝宝有足够的力量移动头部，通常在其进入睡眠状态后1小时左右，头往往会离开枕头，所以，妈妈必须经常关注和看护好睡眠中的宝宝，避免出现枕头滑开，遮住宝宝口鼻，而令宝宝发生意外的情况。

宝宝黄疸期间如何照看

由于只要超过生理性黄疸的范围就是病理性黄疸，因此出院后对宝宝的观察非常重要。以下是黄疸儿居家照顾须知：

1 仔细观察黄疸变化：黄疸是从头开始黄，从脚开始退，而眼睛是最早黄、最晚退的，所以可以先从眼睛观察起。如果不知如何看，建议可以按压身体任何部位，只要按压的皮肤处呈现白色就没有关系，是黄色就要注意了。

2 观察宝宝日常生活：只要觉得宝宝看起来愈来愈黄，精神及胃口都不好，或者体温不稳、嗜睡，容易尖声哭闹，都要去医院检查。

3 注意宝宝大便的颜色：要注意宝宝大便的颜色，如果是肝脏、胆道发生问题，大便会变白，但不是突然变白，而是愈来愈淡，如果再加上身体突然又黄起来，就必须去医院检查。

4 家里不要太暗：宝宝出院回家之后，尽量不要让家里太暗，窗帘不要都拉得太严实，白天宝宝接近窗户旁边的自然光，电灯开不开都没关系，不会有什么影响。但不要让宝宝直接晒到太阳，以免晒伤。

妈咪 宝贝

妈妈要注意勤喂母乳，因为有些宝宝出现黄疸是由喂食不足引起的。

2~3个月的婴儿
（29~90天）

体重	进入第2个月，宝宝仍处在高速生长的阶段。这个月宝宝体重呈阶梯性、跳跃性地增长。到第2个月月底，男宝宝的平均体重能达到5.2千克左右，女宝宝的平均体重能达到4.7千克左右
身高	前3个月的宝宝身高平均每月增加3.5厘米。满2个月的宝宝身高可达57厘米左右。影响身高的因素有很多，包括喂养、营养、疾病、环境、睡觉、运动、遗传等。但这个月宝宝的身高不受遗传影响
头围	根据近期的权威测量统计结果显示：满月宝宝的头围可达36厘米；2个月宝宝的头围平均已达到39.1厘米（36.2~42.2厘米），较出生时增长了5.2厘米，显然超出了应增长平均值（1.5~2.0厘米）

体重	这个月的宝宝仍然发育得很快，体重基本可以增加0.9~1.25千克。一般来说，到第2个月月底，宝宝正常体重为：男宝宝为5.95~7.35千克，女宝宝为5.62~6.62千克
身高	这个月宝宝的身高可增长3.5厘米左右，到了第2个月月末，宝宝身高可达60厘米。另外，有的宝宝先长，有的宝宝后长，但只要没有疾病，妈妈就不要为宝宝一时的身高不理想而担心
头围	这个月宝宝的头围可增长1.4厘米。婴儿期定时测量头围可以及时发现头围过大或过小。头围过小或过大，都要请医生检查。头围过小提示宝宝小脑畸形、大脑发育不全、脑萎缩等，头围过大则说明宝宝可能有脑积水、脑瘤、巨脑症等疾病

宝宝的生长发育

宝宝的能力发展

2个月的宝宝

这个月的宝宝脱离了新生儿期，逐渐适应环境，更加招人喜爱。宝宝在8周时，俯卧位下巴离开床的角度可达45°，但不能持久。等到宝宝3个月时，下巴和肩部就都能离开床面抬起来，胸部也能部分地离开床面，而用上肢支撑部分体重了。宝宝俯卧时，父母要注意看护，防止宝宝因呼吸不畅而引起窒息。这个月宝宝双脚的力量也在加大，只要不是睡觉吃奶，手和脚就会不停地动，虽然不灵活，但他动得很高兴。

3个月的宝宝

这个月的宝宝翻身时，主要是靠上身和上肢的力量，还不太会使用下肢的力量，所以，往往是仅把头和上身翻过去，而臀部以下还是仰卧位的姿势。这时如果妈妈在宝宝的臀部稍稍给些推力，或移动宝宝的一侧大腿，宝宝会很容易把全身翻过去。

妈咪 宝贝

妈妈要根据宝宝的能力发展状况，采取适合宝宝各年龄段的训练方法，有关训练方法可参考每章"早教启智与能力训练"的内容。

宝宝的特殊生理现象

宝宝的特殊生理现象

鼻根部、手足心发黄：2~3个月的宝宝如果出现手足心、鼻根部发黄，但眼睛巩膜却蓝蓝的，可能是食物添加了橘子汁引起的。没有关系，可以暂时停止，或减少摄入量，会很快好的，不是黄疸。

头部奶痂：由于一些原因，有的宝宝头部、眉间可能会有厚厚一层奶痂，颜色发黄，这不要紧。父母不要直接往下揭痂，会损伤宝宝的皮肤，要用甘油（开塞露也可以）涂在奶痂上浸润，等到奶痂变柔软，轻轻一擦就自行脱落了。不要急于一次弄干净，每天弄一点，慢慢弄干净。

奶秃：这个时期的宝宝会出现脱发现象。出生后本来黑亮浓密的头发变得稀疏发黄了，妈妈总认为宝宝营养不良。这么大的宝宝出生脱发是一种生理现象，民间俗称奶秃。随着月龄的增大，开始添加辅食，脱落的头发会重新长出来。

小便次数减少：有的妈妈发现宝宝满月后小便次数减少了，于是担心是不是宝宝缺水了。不是的，虽然宝宝小便次数减少了，但量增多了，原来尿布垫两层就可以，现在垫三层也会尿透。所以，并不是缺水了，是宝宝长大了，妈妈应该高兴。

大便溏稀、发绿：宝宝这时大便可能会夹杂着奶瓣或发绿、发稀。这不要紧，不要认为是宝宝消化不良或患肠炎了。大

便次数也可能会增加到每日6~7次，这也是正常的。只要宝宝吃得好，腹部不胀，大便中没有过多的水分或便水分离的现象，就不是异常的。

夜哭郎：有的宝宝白天睡得很好，到了晚上就开始闹人，睡一会儿就哭，还非常难哄，有时候越哄越哭，爸爸妈妈一点办法也没有。这时，如果确定宝宝没有任何问题，父母首先不要急躁，不要过分哄。实在哄不好，就让他哭会儿。要注意白天不要让他睡太多，白天睡足了，晚上自然睡不着。

妈咪 宝贝

吃饱喝足，身体没有任何不适，宝宝在睡眠中也时常会露出笑容。如果宝宝哪里不舒服了、渴了、饿了、躺久了，就会皱起眉头，甚至哭闹起来。

营养需求与喂养指导

宝宝睡着了，需要叫醒他喂奶吗

如果母乳充足，到了这个月仍可以纯母乳喂养，吃奶间隔时间可能会延长，可从3小时1次延长到4小时1次。到了晚上，如果宝宝睡得很香，也可能延长到6~7小时1次，一般宝宝饿了自然会醒过来，妈妈无须将宝宝叫醒。睡觉时宝宝对热量的需求量减少，上一顿吃进去的奶量足可以维持宝宝所需的热量。

当然，如果超过6个小时，妈妈怕宝宝饿的话，可把乳头放到宝宝嘴里，宝宝会自然吮吸起来，再慢慢将宝宝唤醒比较好。或妈妈可以给宝宝换尿布、触摸宝宝的四肢、手心和脚心，轻揉其耳垂，将宝宝唤醒。

如果上述方法无效，妈妈可以用一只手托住宝宝的头和颈部，另一只手托住宝宝的腰部和臀部，将宝宝水平抱起，放在胸前，轻轻地晃动数次，宝宝便会睁开双眼，宝宝清醒后，妈妈就可以给宝宝哺乳。

宝宝吃几口就睡，要不要叫醒

有些宝宝吃奶前哭闹了很久，所以比较疲劳，没吃几口就累了，这时妈妈应该把宝宝叫醒，让宝宝吃饱后再睡，否则，宝宝很快就会饿醒，然后又会因饿而哭闹，哭累了就会又吃几口就睡，形成不良的生活习惯，既影响宝宝的生长发育，又影响妈妈的生活安排。所以，如果宝宝没吃几口就睡了，妈妈应将乳头动几下，刺激宝宝唇部，或捏捏宝宝耳朵，挠挠脚心，把宝宝弄醒，使他继续吃奶，直至吃饱。

妈咪 宝贝

混合喂养或人工喂养的宝宝，也应每隔3~4小时喂奶1次。

宝宝打嗝后仍然溢奶怎么办

有些妈妈在宝宝每次吃完奶后，会竖抱起并轻轻地拍打他的背，使其打出嗝。可是有些宝宝每次打出嗝后，再躺下时还是会溢奶，甚至会吐奶，这该怎么办呢？

在宝宝打嗝后不要马上让他躺下，应先让宝宝背靠着大人身体坐着入睡。宝宝经常会在20~30分钟后再打嗝，如果宝宝在坐位打嗝，就不会大量溢奶。因为宝宝的胃如同竖着放的瓶子，上部全是空气，膈肌收缩时，排出空气，不会带出大量奶液。等打嗝过后再把宝宝放在床上，让他右侧卧位睡下。

怎样让宝宝停止打嗝

有的宝宝吃完奶后，总不停地打嗝，很是难受。有没有方法可以让宝宝停止打嗝呢？

让宝宝坐在妈妈腿上，妈妈用右手拇指压在宝宝的胸骨下端与肝脏之间约1/2的位置，半分钟至1分钟后打嗝会停止。因为用外力触动膈肌的敏感部位，能使其不由自主地停止收缩。另外，宝宝打嗝时，还可以用玩具逗逗他，给他放一点轻柔的音乐，以转移其注意力；或用手拍拍他的背，也可以减少打嗝的频率。

人工喂养的宝宝需注意，喂奶时要让奶液充满奶嘴，不要一半是奶液一半是空气，这样容易使宝宝吸进空气，引起打嗝，同时造成吮吸疲劳。

妈咪 宝贝

打嗝本身对宝宝的健康并无任何不良影响，妈妈不必担心。

宝宝吃奶吃吃停停是怎么回事

3个月以内的宝宝，吃奶时总是吃吃停停，吃不到三五分钟，就睡着了；睡眠时间又不长，半个小时、1个小时又醒了。这是怎么回事呢？

1 妈妈乳量不够，宝宝吃吃睡睡，睡睡吃吃。

2 人工喂养的宝宝，由于橡皮乳头过硬或奶嘴洞口过小，宝宝吮吸时用力过度，容易疲劳，吃着吃着就累了，一累就睡，睡一会儿还饿。

解决方法

1 妈妈奶量不足，给宝宝喂奶时要用手轻挤乳房，帮助乳汁分泌，宝宝吮吸就不大费力气了。两侧乳房轮流哺乳，每次15~20分钟。也可以先喂母乳，然后再补充代乳品(如配方奶)。

2 人工喂养的宝宝，确定奶嘴洞口大小适中的方法，一般是把奶瓶倒过来，奶液能一滴一滴迅速流出。

3 无论母乳喂养或人工喂养，宝宝吃奶后能安稳睡上2~3个小时，说明吃奶正常。如果母乳不足，宝宝吃吃睡睡，妈妈可轻捏宝宝耳垂或轻弹足心，叫醒喂奶。

不爱吃奶的宝宝

有的宝宝吃得少，好像从来不饿，对奶也不亲，给奶就漫不经心地吃一会儿，不给奶吃也不哭闹，没有吃奶的愿望。对于这样的宝宝，妈妈可缩短喂奶时间，一旦宝宝把乳头吐出来，把头转过去，就不要再给宝宝吃了，过两三个小时再给宝宝吃，这样每天摄入的奶量总量并不少，足以供给宝宝每天的营养需求。

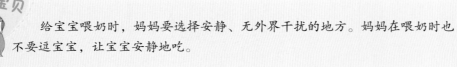

妈咪 宝贝

给宝宝喂奶时，妈妈要选择安静、无外界干扰的地方。妈妈在喂奶时也不要逗宝宝，让宝宝安静地吃。

给宝宝补钙用什么方法好

喝母乳的宝宝怎么补钙

许多妈妈自身就缺钙，所以我们提倡妈妈在孕期和哺乳期就应注意钙的补充，多吃些含钙多的食物，如海带、虾皮、豆制品、芝麻酱等。牛奶中钙的含量也是很高的，妈妈可以每日坚持喝500克牛奶，也可以补充钙片，另外多晒太阳以利于钙的吸收。如果母乳不缺钙，母乳喂养儿在3个月内可以不吃钙片，只需要从出生后3周开始补充鱼肝油。尤其是寒冷季节出生的宝宝，更要注意补钙。

人工喂养的宝宝怎么补钙

如果是人工喂养的宝宝，应在出生后2周就开始补充鱼肝油和钙剂。鱼肝油中含有丰富的维生素A和维生素D。如果是早产儿更应及时、足量补充。注意：维生素D的补充每日不能超过800国际单位，否则长期过量补充会发生中毒反应。

不可盲目补钙

有的父母误解了钙的作用，以为单纯补钙就能给宝宝补出一个健壮的身体。把钙片作为"补药"或"零食"长期给宝宝吃是错误的。如果盲目给宝宝吃钙片，反而可能造成体内钙含量过高。一般只要宝宝平时吃奶正常，并尽早添加一些蔬菜、水果和豆制品（豆奶、豆浆等），就能满足宝宝每天所需的钙了，没必要再补充大量的钙。

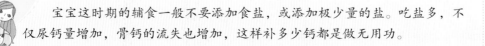

妈咪 宝贝

宝宝这时期的辅食一般不要添加食盐，或添加极少量的盐。吃盐多，不仅尿钙量增加，骨钙的流失也增加，这样补多少钙都是做无用功。

日常生活护理细节

宝宝每天睡多长时间合适

　　年龄越小，需要的睡眠时间就越长。新生宝宝平均每天要睡18~20个小时，除了吃奶之外，几乎全部时间都用来睡觉：2~3个月时睡16~18个小时，5~9个月时睡15~16个小时，1岁为14~15个小时，2~3岁为12~13个小时，4~5岁为11~12个小时，7~13岁为9~10个小时。

　　为什么随着年龄的增长，睡眠时间逐渐缩短呢？因为睡眠是一种生理性保护，由于新生宝宝视觉、听觉神经均发育不完善，对外界的各种声、光刺激容易产生疲劳，所以睡眠时间长。随着年龄的增长，各系统发育逐渐完善，接受外界事物的能力和兴趣也越强，睡眠时间也逐渐缩短。

　　现代试验表明，当人在睡眠时生长激素分泌旺盛，这种生长激素正是使小儿得以发育、功能得到完善的重要因素。所以说婴幼儿时代，多睡对生长发育有很大的好处。但人与人之间都存在个体差异，不能强求一致，相同年龄的宝宝，每日睡眠时间可能会相差2~3个小时。有些宝宝虽然睡得少，但精力旺盛、食欲良好，没有一丝困倦的表现，那就不必担心。

　　如果宝宝不但睡得少，而且白天精神委靡，不爱活动，那么做父母的就应好好找一找原因，是因为环境吵闹，还是床铺、被褥不合适，需要立即加以调整。另外，一些宝宝在病后，特别是发热性疾病热退以后，机体需要恢复，睡眠时间可能会比平时延长，这是机体的正常调节，经过充足的睡眠，宝宝的身体就会很快复原了。

　　最好让宝宝养成按时睡觉的习惯，不要让他白天睡太多，以免晚上睡不着。

给宝宝按摩的方法

婴儿按摩不仅是父母与宝宝情感沟通的桥梁，还有利于宝宝的健康。妈妈要经常给宝宝按摩。

按摩前的准备工作

1. 准备宝宝按摩油或乳液，铺在宝宝身下的柔软毛巾，一张轻柔的音乐碟。

2. 选择在宝宝吃过奶休息好后开始，不要让宝宝刚吃完奶，就立即开始给他按摩。

3. 将室温调到25℃左右。

4. 为了不至于弄疼宝宝，妈妈需将指甲剪短，并用温水洗一下，再给宝宝按摩。

5. 把宝宝放在小床上，也可让宝宝躺在妈妈的大腿上，然后以轻柔的声音对宝宝说话，令宝宝放松下来。

开始按摩了

1. 从脚开始：握住宝宝的小脚，使妈妈的大拇指可以自如地在宝宝脚底来回揉搓，用轻柔的力道按摩几分钟。随后可以顺着宝宝的小脚丫向腿部挺进：握住宝宝的小腿和大腿，让膝盖来回伸展几次，再用手掌在大腿和小脚丫之间抚摸。

2. 按摩宝宝的上肢：手和胳膊的按摩和腿部按摩的方法相似：先握住宝宝的小手，用大拇指按摩掌心，其他指头按摩手背；然后分别握住宝宝的上臂和前臂，按摩几个来回；再在肩膀和指尖之间轻柔地按摩。这种按摩会促进宝宝的血液循环，如果一边按摩一边和宝宝说话，更能增加母子间的亲密感。

3 抚摸宝宝的脸：妈妈用柔软的食指和中指(注意不要留指甲)，由中心向两侧抚摸宝宝的前额，然后顺着鼻梁向鼻尖滑行，从鼻尖滑向鼻子的两侧。多数宝宝会喜欢这种抚摸手法，他们以为是在做游戏，但是如果你的宝宝不喜欢这种抚摸手法，就先停止做这个动作，隔天不妨再试一试。

4 摸摸宝宝的小肚子：从宝宝的肩膀开始，由上至下按摩宝宝的胸部和肚子，然后用手掌以画圆圈的方式按摩。这种按摩方法可以促进宝宝呼吸系统的发育，增大肺活量。随后让手掌以宝宝的肚脐为圆心按摩至少40次，对于常常肚子疼或是常常便秘的宝宝，这种按摩非常有效。

5 按摩宝宝的侧身：当宝宝转身的时候，不要错过按摩体侧的好时机：妈妈可以用虎口穴按着宝宝的侧面，从肩胛部开始，经胯骨再按摩至锁骨。

6 按摩宝宝的背部：给宝宝按摩背部的话，记得让宝宝抬起头来。宝宝保持这个姿势的时候，也可以轻轻地按摩宝宝的后脑勺，宝宝会用劲对抗这种压力，这样也可以锻炼宝宝的颈部肌肉。另外，用双手顺着宝宝的肩膀一直按摩到屁股，会使宝宝特别放松。

7 给宝宝做个全身按摩：全身按摩就是给宝宝热身。妈妈坐在地板上，伸直双腿，为了安全起见，可在腿上铺一块毛巾，让宝宝脸朝上躺在妈妈的腿上，头朝妈妈双脚的方向。在胸前打开再合拢宝宝的胳膊，这样做能使宝宝放松背部，并使肺部得到更好的呼吸。然后上下移动宝宝的双腿，模拟走路的样子，这个动作能使宝宝大脑得到刺激。

妈咪 宝贝

按摩不仅要注意手法，更要控制时间，一般不要超过30分钟；当宝宝不配合妈妈按摩时，应立即停止。

宝宝睡觉昼夜颠倒如何调整

了解宝宝的睡眠规律

要了解宝宝的睡眠规律，但不要过多地打搅他。当宝宝在睡眠周期之间醒来时，不要立刻抱起、哄、拍或与他玩耍，这样很容易形成宝宝每夜必醒的习惯。只要不是喂奶时间，可轻拍宝宝或轻唱催眠曲，不要开灯，让夜醒的宝宝尽快入睡。在后半夜，如果宝宝睡得很香也不哭闹，可以不喂奶。随着宝宝月龄的增长，逐渐过渡到夜间不换尿布，不喂奶。如果妈妈总是不分昼夜地护理宝宝，那么宝宝也就会养成不分昼夜的生活习惯。

让宝宝养成按时睡眠的好习惯

宝宝睡觉是生理的需要，当他的身体能量消耗到一定程度时，自然就要求睡觉了。因此，每当宝宝到了睡觉的时间，只要把他放在小床上，保持安静，他躺下去一会儿就会睡着；如果暂时没睡着，让他睁着眼睛躺在床上，不要逗他，保持室内安静，等不了多久，宝宝也会自然入睡。

建立一套睡前模式

先给宝宝洗个热水澡，换上睡衣；然后给宝宝喂奶，吃完奶后不要马上入睡，应待半个小时左右，此期间可拍嗝，顺便与宝宝说说话，念1~2首儿歌，把1次尿，然后播放固定的催眠曲（可用胎教时听过的音乐）；最后关灯，此后就不要打扰宝宝了。

白天睡多长时间

试着限制宝宝白天的睡眠时间，以1次不超过3个小时为宜。弄醒宝宝的方法有很多，如打开衣被换尿布、触摸皮肤、挠脚心、抱起说话等。

妈咪宝贝　有的父母常常抱着宝宝睡觉，手拍着宝宝，嘴里哼着儿歌，脚不停地来回走动；或给宝宝空奶嘴吮吸，引诱宝宝入睡。这些坏毛病容易使宝宝养成依赖大人、缺乏自理能力的不良习惯。

宝宝头睡偏了怎么办

宝宝出生后，头颅都是正常对称的，但由于婴幼儿时期骨质密度低，骨骼发育又快，所以在发育过程中极易受到外界条件的影响。1岁之内的宝宝，每天的睡眠占了一大半的时间。如果睡觉时宝宝总把头侧向一边，受压一侧的枕骨就变得扁平，出现头颅不对称的现象。所以，从宝宝出生开始，妈妈就要有意识地预防宝宝睡偏头。

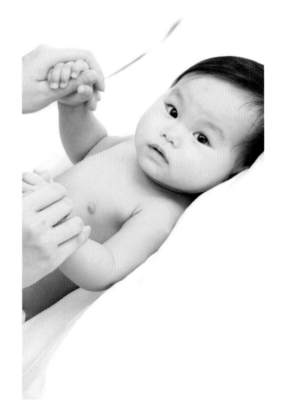

睡偏头和宝宝的睡眠姿势有关，妈妈们都知道最好不要让宝宝采取俯睡的睡眠姿势，那么是要仰睡还是侧睡则需根据宝宝的个人喜好和情况来决定了。通常仰睡不会引起睡偏头。

如果宝宝是侧睡的话，首先要注意宝宝睡眠时头部的位置，保持枕部两侧受力均匀。另外，宝宝睡觉时习惯于面向妈妈，吃奶时也把头转向妈妈一侧。为了防止宝宝睡偏头，妈妈应该经常和宝宝掉换睡觉的位置，这样，宝宝就不会把头转向固定的一侧。

如果宝宝已经睡偏了头，妈妈也应用上述方法进行纠正，即经常更换宝宝的睡姿。若宝宝超过了1岁半，骨骼发育的自我调整便很困难，偏头不易纠正，影响宝宝的外观美。所以，妈妈一定要在宝宝1岁之前就纠正宝宝的偏头现象。

妈咪 宝贝

仰睡可以预防睡偏头，但长期仰睡可把后脑睡成扁头，这对脑神经、血管、细胞、骨骼等的生长和发育不利，所以妈妈要经常更换宝宝的睡姿。

宝宝爱吃手正常吗，需要注意什么

一般来说，婴儿期的宝宝如果有啃手指的行为，是正常现象，不是病，长大后也不大会养成吃手的习惯，爸爸妈妈不必担心，没必要强行阻止，但要经常帮宝宝洗手，保持手部的卫生。

父母发现宝宝一直啃手指难免忧愁，一来担心不卫生，二来还担心会对宝宝牙齿的发育不好，可要阻止吧，也不忍心宝宝因此不高兴，到底吃手有没有坏处呢？

当宝宝能把手放在嘴巴里啃的时候，说明宝宝运动和控制能力已经很协调了，这是智力发展的一种信号。此外，宝宝咬着自己的小手睡觉会有很大的安全感，能满足他吮吸、舔啃的心理需求。如果婴儿期啃手指的行为受到强制约束，口敏感期的需求得不到满足，宝宝长大后可能形成具有攻击力的性格。

不过，也应避免宝宝对啃手产生依赖，可做一些预防措施，不要等到宝宝2~3岁还啃手指，这时要纠正就很困难了。父母可以参考以下预防措施：

1 妈妈应尽量亲自给宝宝喂母乳，让宝宝体验温暖。

2 奶嘴要合适，以满足宝宝长时间吮吸的需要。

3 宝宝睡醒后不要让他单独在床上太久，以免宝宝感到无聊而把手放进嘴里。

4 当宝宝有啃手指的倾向时，多用玩具逗逗他，多跟他说话、唱歌、玩积木或看书等，让宝宝忘记吮手指。

妈咪 宝贝

2~3个月的宝宝喜欢吮吸手指，属正常行为，一般到8~9个月后就不再吃手指了，如果宝宝继续吮吸，就必须引起注意，父母要耐心帮他纠正。

怎样清理宝宝的鼻屎

　　空气中的许多尘埃会随着呼吸进入鼻腔，可宝宝的鼻纤毛发育还不完善，不能及时把鼻腔里的脏东西排出去，使小宝宝很不舒适甚至影响呼吸。情急之下妈妈用自己的手指去抠，但这样做容易伤到宝宝。

清理宝宝鼻屎的正常方法

1 准备吸鼻器（婴幼儿用品专卖店有出售）、小毛巾、小脸盆、细棉棍等用具。

2 将小脸盆里倒好温水，把小毛巾浸湿、拧干，放在鼻腔局部热湿敷。也可用细棉棍蘸少许温水（甩掉水滴，以防宝宝吸入），轻轻湿润鼻腔外1/3处，注意不要太深，避免引起宝宝不适。

3 使用吸鼻器时，妈妈先用手捏住吸鼻器的皮球将软囊内的空气排出，捏住不松手。一只手轻轻固定宝宝的头部，另一只手将吸鼻器轻轻放入宝宝鼻腔里。

4 松开软囊将脏东西吸出，反复几次直到吸净为止。

　　如果家里没有准备吸鼻器，妈妈可在宝宝鼻孔内滴入少量凉开水或一些消炎的滴鼻液或眼药水，待污垢软化后再轻轻捏一捏宝宝的鼻孔外面，鼻屎有可能会脱落，或诱发宝宝打喷嚏将其清除。

妈咪 宝贝

　　使用湿润棉棍和吸鼻器时，要轻轻固定好宝宝的头部，避免突然摆动。使用吸鼻器后，吸鼻器头部可与软囊分开，用温水和柔和清洁剂清洗，再用清水洗干净，晾干备用。

宝宝用什么样的洗浴用品好

新生宝宝不用使用任何护肤品，包括标明"新生儿专用"的护肤品。过完新生儿期，妈妈可为宝宝选购一些用于清洁皮肤和保护皮肤的洗浴用品，主要类别有：婴儿香波、婴儿润肤油、婴儿沐浴精、婴儿沐浴乳、酵素、婴儿皂、湿纸巾、尿布清洗剂等，主要的功能是清洁；婴儿油、婴儿膏、婴儿霜、婴儿露、婴儿乳液、婴儿爽身粉等，主要功能是保护皮肤。那么，怎样为宝宝选购洗护用品呢？

1 不可用功能相同的成人用品替代。选购时，一定要认明"专为婴儿设计"的字样，因为，这类产品已针对宝宝皮肤作过测试。

2 要选择正规厂家生产及来源于正规渠道，并经卫生管理部门批准和检测的洗浴用品，外包装上应有批准文号、生产厂家、成分、有效期等正规标志。一般而言，选择老牌子、口碑佳的产品较有安全保证。

3 包装要完整、安全。首先包装材质要无毒，且造型要易于抓握，不怕摔、咬，有安全包装设计，能防止宝宝误食。包装要无破损，容器密封完好，其中的成分未和空气结合而发生变质。

4 如果宝宝是过敏性皮肤，妈妈要请教医生推荐选用专门设计的沐浴用品以确保安全。

妈咪 宝贝

在宝宝出生后的3~4个月，洗头时不需另备洗发香波，只需用沐浴精或沐浴乳液就可以达到清洁目的。待宝宝逐渐长大，当妈妈感到用沐浴精或乳液给宝宝洗头洗得不干净或是脏得很快时，就需为宝宝选购一瓶婴儿专用洗发用品。

宝宝身上长痱子怎么办

宝宝皮肤娇嫩，往往很容易生痱子，父母一定要特别注意。痱子初起时是一个针尖大小的红色丘疹，凸出于皮肤，圆形或尖形。月份较大的宝宝会用手去抓痒，皮肤常常被抓破，继发皮肤感染，最终形成疖肿或疮。痱子的防治方法主要有：

1 经常用温水洗澡，浴后擦干，扑撒痱子粉。痱子粉要扑撒均匀，不要过厚。不能用肥皂和热水烫洗痱子。出汗时不能用冷水擦浴。如出现痱疖时，不可再用痱子粉，可改用0.1%的升汞酒精。

2 宝宝衣着应宽大通风，保持皮肤干燥，对肥胖儿、高热的宝宝，以及体质虚弱、多汗的宝宝，要多洗温水澡，加强护理。

3 痛痒时应防止搔抓，可将宝宝的指甲剪短，也可采用止痒、敛汗、消炎的药物(最好咨询医生后使用)，以防继发感染引起痱疖。

4 患痱子严重的宝宝尽量减少外出活动，尤其是要避开强紫外线的时候，比如最好是早上八九点钟出去，或者下午四五点钟出去。

5 宝宝应避免吃、喝过热的食品，以免出汗太多。如果宝宝因缺钙而引起多汗，应在医生的指导下服用维生素D制剂、钙剂。

6 在暑伏季节，宝宝的活动场所及居室要通风，并要采取适当的方法降温。宝宝睡觉时要常换姿势，出汗多时要及时擦去。

注意，如果痱子没来得及处理好，出现了脓肿，妈妈不要自行擦药膏，应及时去医院诊治。

妈咪 宝贝

有的宝宝很爱出汗，父母经常给他擦很多痱子粉，希望让他清爽些。其实宝宝要避免过量使用痱子粉，尤其是不能使用成人痱子粉，容易损害宝宝皮肤。

为宝宝防蚊用什么办法好

防蚊方法的选择

不能使用蚊香和杀虫剂来防蚊。蚊香毒性虽不大，但由于婴幼儿的新陈代谢旺盛，皮肤的吸收能力也强，使用蚊香对宝宝身体健康有碍，最好不要常用，如果一定要用，尽量放在通风好的地方，切忌长时间使用。

宝宝房间绝对禁止喷洒杀虫剂。妈妈可以在暖气罩、卫生间角落等房间死角定期喷洒杀虫剂，但要在宝宝不在的时候喷洒，并注意通风。

考虑到宝宝的健康，妈妈最好采用蚊帐来防蚊虫。

此外，妈妈还可巧妙地利用植物来防蚊。如把橘子皮、柳橙皮晾干后包在丝袜中放在墙角，散发出来的气味既防蚊又清新了空气；把天竺葵精油(4滴)滴于杏仁油(10毫升)中，混合均匀，涂抹于宝宝手脚部(脸部可少涂一些)，宝宝外出或睡觉时可防蚊子叮咬；买一盏香熏炉，滴几滴薰衣草或尤加利精油，空气清新又能防蚊，但香味维持的时间一般只有1~3个小时，妈妈要掌握好时间。

宝宝被蚊子咬后

一般的处理方法主要是止痒，可外涂虫咬水、复方炉甘石洗剂，也可用市售的止痒清凉油等外涂药物，或涂一点点花露水也行，但要注意花露水需用水稀释一下。

如果宝宝皮肤上被叮咬的地方过多，症状较重或有继发感染，最好尽快送宝宝去医院就诊，可遵医嘱内服抗生素消炎，同时及时清洗并消毒被叮咬的部位，适量涂抹红霉素软膏。

婴儿用花露水一定要稀释

宝宝皮肤细嫩，容易被蚊虫叮咬，看着宝贝胳膊上、腿上的红肿大包，父母心疼之余，会马上拿来花露水，涂抹在大包上。殊不知，成人花露水中刺激性成分浓度较高，不宜直接抹在宝宝皮肤上，在使用前应先用5倍的水稀释。如果条件允许，选择宝宝专用的花露水更好些。

同时，花露水含有食用酒精，在涂完花露水以后不要让宝宝接近明火，在保存花露水时应注意，由于花露水有易燃性，切勿将花露水在强阳光下放置。

花露水的妙用

1　洗衣服时在水中加2滴花露水浸泡15分钟，可以杀菌且衣物留香。

2　将花露水滴进水中擦拭家居用品如电话、手机、凉席等也能清洁杀菌。

3　洗澡或洗头时，在水中加几滴花露水，可以起到清凉杀菌、去痱止痒的效果。

如何给宝宝把大小便

学习把大小便是训练宝宝生活自理能力的第一堂启蒙课，从2个月开始就可以训练宝宝把尿。

如何把大小便：第一步，准备好宝宝的便盆。第二步，两手抱起宝宝，手要放在宝宝的大腿和小腿之间，即在膝盖部位，帮宝宝将两腿分开。第三步，让宝宝的头和背靠在你的胸前。第四步，宝宝开始便便了（3分钟）。第五步，用干净柔软的纸巾擦净宝宝的臀部，大便后用清水洗臀部。第六步，为宝宝包好尿布，穿好裤子。

把大小便的诀窍

1 父母在把大小便时用声音作为强化的条件刺激，如用"嘘嘘"的声音诱导宝宝尿尿，"嗯嗯嗯"的声音促进宝宝便便。开始时宝宝不一定配合，这时妈妈不要过于强求，一定要有耐心地定时加以训练，宝宝会慢慢形成大小便条件反射。

2 给宝宝把大小便时，可以给宝宝唱儿歌听（把宝宝，把宝宝，爸爸把来妈妈把，把得宝宝笑嘎嘎，宝宝尿尿了，宝宝便便了）。

3 一般来讲，在宝宝睡醒之后和宝宝吃饱后把大小便比较顺利。宝宝醒着时，可观察宝宝排便前的表情或反应，如哼哼声、左右摆动、发抖、皱眉、哭闹、烦躁不安、放屁、不专心吃奶等，应及时把大小便。

4 依照宝宝的排尿规律，白天把尿的次数可多些，夜间次数少些。但把小便的次数不要太勤，把小便勤了不利于宝宝膀胱储存功能的建立。随着宝宝月龄的增加，2个小时把1次即可。

妈咪 宝贝

注意在给宝宝把尿时如果宝宝没有便意，就过一会儿再试，不要为了节省一块尿布，使宝宝长时间处于把尿的姿势，这样会使宝宝的心理产生排斥和厌倦的情绪。

给宝宝喂药的方法与技巧

宝宝的吞咽能力差，而且味觉特别灵敏，对苦涩的药物往往拒绝服用，或者服后即吐，很难与大人配合。这个时候，妈妈应该找到正确的方法，才能顺利地给宝宝喂药。

给宝宝喂药的注意事项

1 在给宝宝喂药前要先查看药袋上的药名、服用方式、不良反应及成分、日期，以及是饭前吃还是饭后吃，2次吃药的时间至少间隔4个小时以上。

2 如果有疑问应及时向开药的医生咨询，切不可自己想当然。

3 成人用药不能随便给宝宝吃，即使减量也不可以。

4 有一些药物有一定的不良反应，服药后要小心观察。

5 有些体质过敏的宝宝，在服用奶热、止痛药或抗癫痫药物后可能有过敏反应，一旦发现宝宝服药后有任何不适，就要立即停药并咨询医生。

顺利喂药的技巧

为了防止呛咳，可将宝宝的头与肩部适当抬高。先用拇指轻压宝宝的下唇，使其张口(有时抚摸宝宝的面颊，宝宝也会张口)。然后将药液吸入滴管或橡皮乳头内，利用宝宝吮吸的本能吮吸药液。

有些宝宝常因药苦或气味强烈而不敢服用，这时可采用一些不会影响药物效果，又可以让宝宝安心服下药物的方法，如有些药物可加入果汁或糖浆一起服用。但是有些妈妈喜欢把药物加到牛奶里给宝宝吃，这样做是完全错误的。因为很多药物不适合与牛奶一起服用，会降低药物的功效。

服完药后再喂些水，尽量将口中的余液全部咽下。如果宝宝不肯吞咽，则可用两指轻捏宝宝的双颊，帮助其吞咽。服药后要将宝宝抱起，轻拍背部，以排出胃内空气。

妈咪 宝贝

妈妈绝不可强行给宝宝灌药，否则容易发生意外。

早教启智与能力训练

锻炼宝宝体能，婴儿操怎么做

这个时期的宝宝，动作渐渐多起来了，父母可以帮着宝宝做健身婴儿操，让宝宝在愉快的情绪中活动四肢。

妈妈带宝宝做体操

两手胸前交叉：宝宝仰卧，妈妈双手握住宝宝手腕，拇指放在宝宝手心里，让宝宝握住。宝宝两臂置于体侧。妈妈将宝宝的两手向外平展，掌心向上，然后再将两臂于胸前交叉。重复4次。

肩关节活动：宝宝仰卧，妈妈双手握住宝宝手腕，拇指放在宝宝手心里，让宝宝握住。宝宝两臂置于体侧。妈妈将宝宝左臂弯曲贴近身体，以肩关节为中心，由内向外做回环动作，还原，换右手继续练习，动作相同。重复2次。

伸展上肢运动：宝宝仰卧，妈妈双手握住宝宝手腕，拇指放在宝宝手心里，让宝宝握住。宝宝两臂置于体侧。妈妈将宝宝两臂向外平展，掌心向上。将宝宝两臂于胸前交叉，再将两臂举过头上，掌心向上。还原，重复4次。

伸屈肘关节：宝宝仰卧，妈妈双手握住宝宝手腕，拇指放在宝宝手心里，让宝宝握住。宝宝两臂置于体侧。妈妈将宝宝左肘关节前屈，然后伸直还原。换右手屈伸肘关节。重复4次。

转体、翻身：宝宝仰卧，双腿并拢，两臂弯曲放在胸腹部。妈妈右手扶其胸部，左手垫于宝宝背部。然后轻轻将宝宝从仰卧转为左侧卧位，还原。妈妈换手，将宝宝从仰卧转为右侧卧位，再还原。重复2次。

两腿轮流伸屈：宝宝仰卧，妈妈用两手分别握住宝宝两膝关节下部。妈妈屈宝宝左膝关节，使膝盖靠近腹部。将宝宝左腿伸直，屈伸右膝关节。左右轮流，重复4次。

伸屈踝关节：宝宝仰卧，妈妈用右手托住宝宝的左足踝部，左手握住左足前掌。妈妈将宝宝足尖向上，屈踝关节，足尖向下伸展踝关节。连续做4次，换右足再做4次。

宝宝做操环境

健身婴儿操适合在宝宝2个月后进行，做健身婴儿操的房间要有良好的通风条件，冬季室内的温度不得低于20℃，夏季室内的温度应该控制在26℃左右。

宝宝做操注意事项

1 不要在宝宝刚吃完奶时做操，应选择在宝宝吃过奶休息好后，精神较佳时开始。

2 做操时，四肢关节尽量裸露。

3 带操者动作应轻柔，缓慢，有节奏。

4 每个动作重复4~8次，左右两侧交替进行。

5 要求提腿和抬肘时，宝宝身体要直，不能歪斜，以免损伤脊柱。

6 如果宝宝做累了，不想做了，妈妈不可强求，尽量以宝宝舒适的程度为宜。

如何训练宝宝的俯卧抬头能力

抬头练习不仅能锻炼宝宝的颈部、背部的肌肉力量，增加肺活量，对宝宝较早正面面对世界，接受较多的外部刺激也是非常有利的。还可使宝宝扩大视野，智力得到开发。

宝宝的抬头训练宜在宝宝清醒、空腹时（喂奶前1个小时）进行。将他放在妈妈或爸爸的胸腹前，自然俯卧，妈妈把双手放在宝宝脊部按摩，并逗引宝宝抬头。也可将宝宝俯卧在床上，用玩具逗引宝宝抬头片刻，边练习边说"宝宝，抬抬头"，同时用手轻轻按摩宝宝背部，使宝宝感到舒适愉快，背部肌肉得到放松。

抬头的动作从与床面成45°角开始，逐步稳定。到3个月时能稳定地抬起90°。这时，可用一面镜子放在离宝宝头部上方20厘米左右的地方，用带响的玩具在镜子后面逗引宝宝抬头、抬胸来看自己的脸。

宝宝抬头时，妈妈可将玩具从宝宝的眼前慢慢移动到头部的左边，再慢慢地转移到宝宝头部的右边，让宝宝的头随着玩具的方向转头。每天练习3~4次，每次俯卧时间不宜超过2分钟。以后可根据宝宝的体能和当时的情况，逐步增加训练的时间。

什么样的玩具适合现阶段的宝宝

2~3个月宝宝的世界是一个感知的、触摸的、微笑的和品尝的世界，喜欢有人逗他玩，给他东西，遇到什么东西还想用小手摸一摸，放到嘴里咬一咬。妈妈可为宝宝挑选以下几种类型的一些玩具：

1 可选用一些大的彩圈、手镯、脚环、软布球和木块，可击打、可抓握、可发声的塑料玩具，五颜六色的图画卡片。

2 这时宝宝会抓住桌面上眼前的玩具，但还不准确。可给他准备一些各种质地、各种色彩、便于抓握的玩具，如摇铃、乒乓球、核桃、金属小圆盒、不倒翁、小方块积木、小勺、吹塑或橡皮动物、绒球或毛线球等。

3 宝宝需要温暖的母爱和安全感，可以选一些手感温柔、造型朴实、体积较大的毛绒玩具，放在宝宝手边或床上。

4 当宝宝对周围环境表现出兴趣时，可选一些颜色鲜艳、图案丰富、容易抓握、能发出不同响声的玩具，如拨浪鼓、哗铃棒、小闹钟、八音盒等，可以放在宝宝的手里帮他摇着玩。

总之，妈妈不需要经常给宝宝更换玩具，只要用的每种玩具都能符合宝宝该月龄发育的需要就可以。

什么游戏适合两三个月的宝宝

碰碰就响

妈妈抱着宝宝，拉着他的手去触摸玩具，特别是一碰会发出声音的玩具，妈妈还可以同时说"真好听""多好看呀"。

妈妈在哪里

妈妈经常俯身对宝宝微笑，让宝宝看妈妈的脸，然后妈妈转在一边，轻轻叫宝宝的名字，引导宝宝将头转过去看妈妈。

声音在哪里

妈妈拿一个彩色的、较大些的哗铃棒，一边摇一边慢慢移动，从宝宝左边到宝宝右边，再从右边到左边，开始宝宝的眼跟着玩具转，而后是头随着玩具从左到右，从右到左。

抬腿踢球

用结实的线把彩球挂在宝宝床上方，让宝宝抬起脚刚刚能够碰到，轻轻抓住宝宝的一只小脚丫，抬起来，踢一下彩球，对宝宝说："小淘气，踢球球，球球撞到脚丫上。"

拉拉看

妈妈抱着宝宝，拉着他的手拍打风铃发出声响，再把一根能牵动风铃的绳放在宝宝手里让他握住。宝宝握住后不由自主地拉动，风铃发出声响，他会很高兴。

蹦蹦跳

扶住宝宝腋下，让他站在妈妈腿上，举着宝宝让他蹦，逐渐发展成他主动蹦，妈妈帮助他。蹦的同时妈妈可有节奏地说："蹦蹦跳，蹦蹦跳。"

骑小马

宝宝坐在妈妈膝盖上，妈妈手扶宝宝腋下，将宝宝慢慢往后放倒，再往前托起。

玩毯子

当宝宝3个月大时，你可以将他放在一块干净、平整的毯子上，训练他扭动或移动身体。妈妈可以将他感兴趣的东西放在他身边，以此来鼓励宝宝翻身。

妈咪　宝贝

玩游戏，要在宝宝精神状态较好时玩。若宝宝非常配合地完成了游戏，妈妈应该亲吻和拥抱宝宝，鼓励宝宝做得好。

经常和宝宝聊聊天

从宝宝吃奶开始，妈妈就要记得经常和宝宝谈话聊天，这样也是一种沟通，对宝宝在婴幼儿阶段的智力发展大有好处。

别看宝宝还不会说话，当他们听到大人在对他们说话时，宝宝大脑的思维正在不断变换，他们所听到的任何一种语言都会对他们的大脑皮层产生有效的刺激，促使他们的思维变得更加活跃、更加新鲜。在各种声响中，宝宝们对父母的语言刺激最敏感，最愿意接受。

这个时期的大部分宝宝已经有了咿呀学语的经历。妈妈应尽可能多地听宝宝喃喃自语，并及时予以回应。还可以和宝宝一起听歌谣，妈妈可以边听边哼唱，妈妈的声音可以很好地刺激宝宝的大脑。这样反复听，反复哼唱，可以让宝宝的大脑不断得到良好刺激，为日后真正学说话打好基础。

除了多跟宝宝聊天外，妈妈还可在宝宝睡觉前给宝宝讲一些童话故事。同时，也可在宝宝床边的墙上粘贴一些颜色鲜艳的画，多为动物，每天指着画教宝宝看图识物。虽然宝宝不会开口说话，但他们处在听和潜在模仿阶段，听多了，当再次念到图画中事物的名称时，宝宝就会不自觉地朝那画看去。这有利于宝宝的早期启蒙教育。

妈咪 宝贝

晚上睡觉之前不要让宝宝玩得太久，玩得太疯。玩过之后，安静地给宝宝讲个童话故事，使宝宝轻松入眠。

如何培养宝宝翻身的能力

3个月的宝宝一般能从仰卧位翻到侧卧位，这时就可以训练宝宝翻身。

有侧睡习惯的宝宝：有侧睡习惯的宝宝，学翻身比较容易，只要在宝宝左侧放一个有意思的玩具或一面镜子，再把宝宝的右腿放到左腿上，把宝宝的一只手放在胸腹之间，轻托右边的肩膀，轻轻在背后向左推，宝宝就会转向左侧。重复练习几次后，妈妈不必推动，只要把宝宝的腿放好，用玩具逗引，宝宝就会自己翻过去。慢慢地，不必放腿就能作90°的侧翻。再往后可用同样的方法，帮助宝宝从俯卧位翻成仰卧位。

没有侧睡习惯的宝宝：妈妈可让宝宝仰卧在床上，手拿宝宝感兴趣、能发出响声的玩具分别在宝宝侧面逗引，对宝宝说："看多漂亮的玩具啊！"训练宝宝从仰卧位翻到侧卧位。宝宝完成动作后，可以把玩具给宝宝玩一会儿作为奖赏。

翻身游戏：翻饼烙饼

1 宝宝仰卧在床上，妈妈一个手指头逗引宝宝伸手抓住。

2 妈妈拉住宝宝的手向宝宝的内侧，使宝宝身体变成侧卧。

3 再帮助宝宝把腿拉向内侧。侧卧变成俯卧，完成翻身的动作。

4 稍稍给宝宝一些力，使宝宝从俯卧变成侧卧，完成翻身的动作。

5 可边做动作边说儿歌："翻饼烙饼，宝宝吃馅饼。翻过来，掉过去，笑笑。"

最后"笑笑"的时候可以在宝宝的腋窝、小脖子或肚皮上搔搔痒。

妈咪 宝贝

宝宝一般先学会仰—俯翻身，再学会俯—仰翻身，一般每日训练2~3次，每次训练2~3分钟。

宝宝受到惊吓如何安抚

过分吵闹、尖锐、刺激或不愉快的声音会让宝宝受到惊吓，他们的大脑听觉系统会排斥这些声音，这对大脑发育极为不利。

常用的安抚方法

1 语言和抚触安慰：宝宝一受到惊吓，妈妈立刻用轻柔的声音安慰宝宝，同时进行肌肤的触摸，如用手顺着宝宝头发轻抚或者轻拍背部。亲人的声音和肢体接触能很快让宝宝得到安全感，最大限度地起到安抚作用。

2 转移注意力：换一个奇怪的姿势抱宝宝。如让宝宝脸朝下趴在你的手臂上，用你的手掌托起他的脸。也可以左手轻轻地晃荡，右手轻轻抚摸宝宝的背。视野掉了个头，宝宝会感觉奇怪，就忘了刚才受惊的事情了。或温柔地朝宝宝的额头连续吹气，他会立刻眨眼、深呼吸，重复几次他就忘了自己为什么哭。也可以来一点小噪声，吸尘器开小挡、收音机调到两个电台之间、录音机放空带，宝宝可能会听着听着就睡着了。

3 给宝宝按摩：用婴儿润肤乳涂抹在宝宝的食指和中指尖的中心位置上，并加以轻揉30~50下，宝宝会很快安静下来。如果宝宝因受惊不能入睡，你就用自己的指端按在宝宝十指的指头穴，每个手指按5下，对帮助宝宝入睡很有效。

妈咪 宝贝

宝宝如果缺乏营养也容易受惊吓，所以妈妈首先要尽量采取母乳喂养。如果是喝配方奶的，要保证每日奶的质和量；如果已经开始吃辅食，最好提供给宝宝均衡膳食，正常情况下不要给他吃所谓的补品、营养品、保健药品。如有必要，可去医院检查一下微量元素。

第 3 章

4~6个月的婴儿
(91~180天)

4个月的宝宝

体重	这个月的宝宝仍然发育得很快，体重基本可以增加0.9~1.25千克。一般来说，到宝宝4个月时其正常体重为：男宝宝6.54~8.32千克，女宝宝6.27~7.55千克
身高	这个月宝宝身高增长速度与前3个月相比，开始减慢，1个月增长约2厘米。但与1岁以后相比还是很快的
头围	从这个月开始，宝宝头围增长速度也开始放慢，平均每个月可增长1厘米

5个月的宝宝

体重	从这个月开始，宝宝体重增长速度开始下降，这是规律性的过程，父母不必紧张。4个月以前，宝宝每月平均体重增加0.9~1.25千克；从第5个月开始，宝宝体重平均每月增加0.45~0.75千克
身高	这个月宝宝身高平均可增长2厘米。宝宝身高是受种族、遗传、性别等诸多方面因素影响的。个体间的差异会随着年龄的增大逐渐变得明显起来。一般来说，3岁以前身高更多地是受种族、性别的影响，3岁以后遗传和营养影响越来越显现出来

6个月的宝宝

体重	宝宝体重增长速度已经放缓，每天约增加20克。这个月的宝宝食量会有所增大，如果宝宝每日体重增长超过30克，或10天体重增长超过300克，就应该适当减少乳量。每天摄入乳量最好不要超过1000毫升，否则会给肥胖打下根基 另外，由于个体因素的差异，有的宝宝胖些，有的宝宝瘦些，只要宝宝健康，精神状况良好，即使瘦些，也是正常的。父母不可因为宝宝比别人的宝宝瘦就拼命地喂食
身高	6个月的宝宝较5个月的宝宝平均增长2.2~2.3厘米

宝宝的生长发育

本阶段宝宝具备哪些能力

4个月的宝宝

4个月的宝宝做动作的姿势较以前熟练了，而且能够呈对称性。俯卧时，能把头抬起和肩胛成90°角。视线也变得灵活了，能从一个物体转移到另外一个物体。此外，这个时期的宝宝听觉能力也有了很大发展，已经能集中注意力倾听音乐，并且对柔和动听的音乐声表示出愉快的情绪，而对强烈的声音表示出不快。听见妈妈说话的声音就高兴起来，并且开始发出一些声音，似乎是对妈妈的回答。叫他的名字已有应答的表示，能欣赏玩具中发出的声音。

5个月的宝宝

5个月的宝宝如果让他仰卧在床上，他可以自如地变为俯卧位。坐位时背挺得很直。当妈妈扶助宝宝站立时，能直立。在床上处于俯卧位时很想往前爬，但由于腹部还不能抬高，所以爬行受到一定限制。5个月的宝宝还有个特点，就是不厌其烦地重复某一动作，经常故意把手中的东西扔在地上，捡起来又扔，可重复20多次。他还常把一件物体拉到身边，推开，再拉回，反复动作。这是宝宝在显示他的能力。

6个月的宝宝

6个月的宝宝喜欢在扶立时跳跃。把玩具等物品放在宝宝面前，他会伸手去拿，并塞入自己口中。6个月的宝宝已经开始会坐，但还坐得不太好。6个月的宝宝能够分辨不同的声音，特别是熟人和陌生人的声音。

妈咪 宝贝

父母要多观察宝宝能力上的发展，并根据其特有的表现进行强化训练。

本阶段宝宝有什么样的心理特点

4个月宝宝的心理特点

4个月的宝宝，视觉功能比较完善，能逐渐集中于较远的对象，开始出现主动的视觉集中，并开始形成视觉条件反射。如看到奶瓶时会手舞足蹈，高兴时会大笑、咿呀作语，会玩自己的小手，听到声音能较快地转头，能注意镜子中的自己。当和他讲话时，会发出"咕咕"及"咯咯"声。能认出妈妈和熟悉的东西，并开始与别人玩，特别喜欢爸爸妈妈将他竖抱起来，并像大人一样东张西望。

5个月宝宝的心理特点

5个月的宝宝开始认人，能认识妈妈，能辨别出妈妈的声音。开始认生，不喜欢

生人抱，听到熟悉的声音会表示高兴，并发音回答。在视觉发展的基础上，宝宝的注意范围扩大了。那些能直接满足自己需要的物品，如奶瓶、小勺等，能引起宝宝的注意。能做简单游戏，如藏猫猫、看镜子等。

6个月宝宝的心理特点

6个月的宝宝开始能理解大人对自己说话的态度，并开始感受愉快或不愉快等情感，要东西时，拿不到就哭。宝宝还开始明显地认生，可以认出熟悉的人并朝他们微笑，而对陌生人表现出认生现象，知道怕羞。听到自己的名字会有所反应，比如会笑或转过头。会哈哈大笑，发起脾气也很厉害。

妈咪 宝贝　这个阶段是宝宝开始认识陌生人的时期，有的宝宝可能会表现出一点点怕生，妈妈要多给宝宝一些安全感，同时也要多带宝宝与他人接触，对宝宝心理发展及社交能力的发展都有好处。

营养需求与喂养指导

妈妈上班后如何哺乳

许多妈妈在宝宝4个月或6个月以后就要回单位上班了，然而这个时候并不是让宝宝断掉母乳的最佳时间。那么怎样才能继续喂母乳呢？

1 首先妈妈在上班前半个月就应作准备，以便给宝宝一个适应过程。妈妈可在正常喂奶后，挤出部分奶水，让宝宝学会用奶瓶吃奶。另外，也要让宝宝吃一些配方奶，可以慢慢适应除母乳以外的其他奶制品的味道。

2 如果妈妈希望宝宝完全吃母乳，或宝宝对奶粉过敏的话，可上班时携带奶瓶，收集母乳。在工作休息时间及午餐时在隐秘场所挤奶，如员工宿舍，最好不要在洗手间挤奶，那样既不方便又不卫生。奶挤好后立即放在保温杯中保存，里面用保鲜袋放上冰块，或放在单位的冰箱中。下班后携带奶瓶仍要保持低温，到家后立即放入冰箱。所有储存的母乳要注明挤出的时间，每次便于取用。

3 妈妈挤奶的时间尽量固定，建议在工作时间每3个小时挤奶1次，每天可在同一时间挤奶，这样到了特定的时间就会来奶。

妈咪 宝贝 上班后由于工作的压力以及宝宝吮吸母乳次数的减少，有的妈妈乳汁分泌会减少，所以妈妈要勤挤乳，并注意多食汤水及催乳食物，保持愉快的心情，都可帮助乳汁分泌。

挤出来的乳汁如何保存和喂养

在一些特殊情况下，如妈妈患严重感冒时，或以后上班了，仍需进行母乳喂养时，妈妈必须将母乳挤出来喂养宝宝。那么挤出来的母乳要如何保鲜，如何喂给宝宝呢？

储存母乳

1　储存挤出来的母乳要用干净的容器，如消过毒的塑胶桶、奶瓶、塑胶奶袋等。

2　储存母乳时，每次都得另用一个容器。

3　给装母乳的容器留点空隙。不要装得太满或把盖子盖得很紧，以防冷冻结冰而胀破。如果长期存放母乳，最好不要用塑胶袋装。

4　最好按每次给宝宝喂奶的量，把母乳分成若干小份来存放，每一小份母乳上贴上标签并记上日期，以方便家人或保姆给宝宝合理喂食且不浪费。

喂养方法

1　加热解冻：放在奶瓶中隔水加热(水温不要超过60℃)。

2　温水解冻：用流动的温水解冻。

3　冷藏室解冻：可放在冷藏室逐渐解冻，24小时内仍可喂宝宝，但不能再放回冷冻室冰冻。千万不能用微波炉解冻或是加温，否则会破坏营养成分。

饮用要点

1　在冷藏室解冻(没有加热过的奶水)，放在室温下4个小时内就可以饮用。

2　如果是在冰箱外用温水解冻过的奶水，在喂食的那一餐过程中可以放在室温中，而没用完的部分可以放回冷藏室，在4个小时内仍可使用，但不能再放回冷冻室。

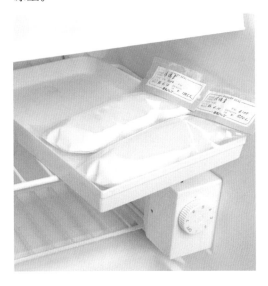

母乳储存时间表

贮存的方法	足月婴儿	早产/患病婴儿
室温	8小时	4小时
冰箱 (4~8℃)	48小时	24小时
冰箱 （-18℃以下）	3个月	3个月

宝宝吃惯了母乳，不肯吃奶粉怎么办

先要了解一下宝宝不吃奶粉的原因，才能拿出有针对性的解决方案。

1 宝宝不接受奶瓶：这是最常见的原因，而且大多数的母乳宝宝都会碰到这样的问题。首先，妈妈可选择接近妈妈乳头的奶嘴。当宝宝感觉饿时，妈妈就可以试着用奶瓶给宝宝喂奶了。喂食前，可将奶嘴用温水冲一下，让它和人体温度相近。然后妈妈用衣服将宝宝包着，奶瓶也可贴近妈妈身体，接着，不要将瓶嘴放入宝宝的口中，而是把瓶嘴放在旁边，让宝宝自己找寻瓶嘴，主动含入嘴里。也可在宝宝睡着的时候，把奶嘴放入他的嘴中。

2 不喜欢奶粉的味道：试着挤出母乳在奶瓶里给宝宝吃，如果他接受了，说明可能他不喜欢奶粉的味道，而不是不愿意用奶瓶。可以换一个接近母乳味道的牌子试试。另外，把奶粉调淡一点、冷一点或热一点也许更容易使宝宝接受。

3 厌奶期：到4个月左右，宝宝逐渐成熟，他可能添加了辅食，比较喜欢新口味的食品，而对奶粉暂时失去了兴趣。这时妈妈要有耐心，宝宝可能只是暂时性地厌奶，多次少量添加即可，不要因此完全用辅食代替奶粉。

4 喂奶方式不对：因为奶瓶的角度不当，奶嘴压到舌头，使宝宝喝不到奶。最好将奶瓶以45°角轻放奶嘴到宝宝的嘴里。另外，奶嘴孔的大小也要合适，孔太小了宝宝吮吸起来比较吃力，就会不想吮吸。

5 有口腔或其他疾病：偶尔长时间不吃奶粉，或有哭闹、精神不振等，可能是身体有问题。可带宝宝看看医生，也可检查一下微量元素，有的宝宝缺锌、缺铁，也会引起食欲不佳，不想吃奶。

妈咪 宝贝

妈妈不可因为宝宝不吃奶粉，心里着急，就强行喂给宝宝吃。一般宝宝会越强迫越不吃，只会适得其反。

人工喂养的宝宝怎么添加果汁、蔬菜水

一般情况下，在宝宝4~6个月以前，妈妈的乳汁基本能满足宝宝的全部需要，不必添加辅食。只要添加母乳所缺乏的维生素D（每天1粒维生素A、维生素D含量比为3：1的鱼肝油）和少量钙剂（每天150~200毫克）就可以了。但4~6个月后，由于宝宝生长发育速度快，妈妈的泌乳量已不能满足宝宝的需要了，就需要适量添加一些营养辅食。刚满4个月的宝宝虽然不需要添加辅食，但是，为了减少以后添加辅食的难度，也可以先让宝宝尝尝食物的味道，可以适量给宝宝添加一些蔬菜水和果汁。

不过，由于宝宝消化功能还很弱，妈妈给宝宝喝蔬菜水和果汁时，最好将其充分稀释，开始时可以先用温开水稀释，等宝宝适应了以后再用凉开水稀释，慢慢过渡到不用稀释。另外，建议给宝宝喝直接用新鲜蔬果榨取的蔬果汁，不要用市场上购买的。

适合宝宝的蔬果汁

果汁：各种新鲜水果，如橙子、苹果、桃、梨、葡萄等榨成的汁，可以补充维生素。喂给宝宝喝的时候要先用1倍的温开水进行稀释，每天喂1~2次，每次喂1~2汤匙。

蔬菜汁：用各种新鲜蔬菜做成的汁，如萝卜、胡萝卜、黄瓜、西红柿、圆白菜、西蓝花、芹菜、大白菜及各种绿叶蔬菜等，可以为宝宝补充维生素。

给宝宝添加辅食应遵循哪些原则

1 从一种到几种：1次只添加1种新食物，隔几天之后再添加另一种。万一宝宝有过敏反应，妈妈便可以知道是由哪种食物引起的了。

2 从稀到稠：一开始要给宝宝添加一些流质食品，随着宝宝吞咽能力的加强，再慢慢增加黏稠度，慢慢从流质过渡到半流质，再从半流质过渡到固体。

3 由少到多：开始时只让宝宝进食少量的新食物，分量为1小汤匙左右，待宝宝习惯了新食物后，再慢慢增加分量。随着宝宝不断长大，他需要的食物亦相对增多。

4 由细到粗：开始添加辅食时，为了防止宝宝发生吞咽困难或其他问题，应选择颗粒细腻的辅食，随着宝宝咀嚼能力的完善，可逐渐增大辅食的颗粒。

5 防止宝宝过敏：第一种给宝宝引入的辅食应该是容易消化而又不容易引起过敏的食物。米粉可作为试食的首选食物，其次是蔬菜、水果，然后再试食肉、鱼、蛋类。总之，辅食添加的顺序依次为谷物、蔬菜、肉、鱼、蛋类。较易引起过敏反应的食物如蛋清、花生、海产品等，应在6个月后再给宝宝喂食。

本阶段可以给宝宝添加什么样的辅食

米粉、米糊或稀粥

锻炼宝宝的咀嚼与吞咽能力，促进消化酶的分泌。可以选用知名厂家生产的营养米粉，也可以自己熬粥。

蛋黄

蛋黄含铁高，可以补充铁剂，预防缺铁性贫血。做法：煮好的蛋黄1/4个用米汤或牛奶调成糊状，用小勺喂。

动物血

鸡血、鸭血、猪血等，弄碎了之后调到粥里喂宝宝，可以帮宝宝补铁，预防缺铁性贫血。每周加1次。

蔬菜泥

各种新鲜蔬菜都可以添加，如菠菜、青菜、油菜、胡萝卜、土豆、青豆、南瓜等。做法：将新鲜蔬菜洗干净，细剁成泥，在碗中盖上盖子蒸熟；胡萝卜、土豆、红薯等块状蔬菜宜用文火煮烂或蒸熟后挤压成泥状；蔬菜泥中加少许植物油，以急火快炒即成。

水果泥

苹果、香蕉等水果。做法：将水果用小匙刮成泥状喂给宝宝。但是要注意，一些酸味重的水果，如橙子、柠檬、猕猴桃等，先不要给宝宝吃。

鱼泥

选择河鱼或海鱼，去内脏洗干净，蒸熟或加水煮熟，去净骨刺，取出肉挤压成泥，吃的时候调到米糊里喂宝宝。

肉泥或肉糜

鲜瘦肉剁碎，蒸熟即可，吃的时候可以加上蔬菜泥，拌在粥或米粉里喂宝宝。

妈咪　宝贝

虽然开始添加辅食，但母乳或配方奶仍然是宝宝的主食，每天必须保证足够的饮奶量（500~600毫升）。

蛋黄的添加方法

鸡蛋是宝宝生长发育所必需的食物，蛋黄中含有的铁、卵磷脂等都是宝宝十分需要的营养。4个月后的宝宝从母体获得的铁质已经消耗，很容易发生贫血。因此，从4个月开始就应给宝宝添加鸡蛋黄。

宝宝吃鸡蛋时要注意

1 由少到多，刚开始每天喂1/6~1/4个蛋黄。喂食后要注意观察宝宝大便情况，如有腹泻、消化不良就先暂停，调整后再慢慢添加；如大便正常就可逐渐加量，可喂1/2个蛋黄，3~4周后就可每日喂1个。

2 1岁以内的宝宝最好只吃蛋黄，别吃蛋清，以免过敏。因为宝宝消化系统发育尚不完善，肠壁的通透性较强，而鸡蛋清中的蛋白分子较小，有时可以通过肠壁直接进入宝宝血液，使宝宝机体产生过敏症状，导致湿疹、荨麻疹等疾病。

鸡蛋黄添加方法

1 生鸡蛋洗净外壳，放入锅中煮熟后，取出冷却，剥去蛋壳。

2 用干净小匙开破蛋白，取出蛋黄，将蛋黄用小匙切成4份或更多份。

3 取其中的1份蛋黄用开水或米汤调成糊状，用小匙取调好的蛋黄喂宝宝。

宝宝吃后如果没有腹泻或其他不适感，可以逐渐增加蛋黄的量。

妈咪宝贝　最合适的蛋黄应该是干干的呈粉末状，嫩黄嫩黄的。妈妈可以根据自己家的条件和经验来决定煮制时间，一般水开后煮5分钟左右就可以了。当蛋黄的外层有一圈黑色时，说明鸡蛋煮老了，煮老的鸡蛋虽然没有细菌，但是营养有损失。

宝宝辅食中能添加调味料吗

有的父母认为添加些调味料，宝宝更容易接受，其实是没有必要的。

油

刚出生到1岁以前的宝宝都可以不用食油，即使添加辅食，也最好只用水煮或清蒸方式，到了1岁以后可以给宝宝添加少量油调味。比如，给宝宝做汤时少放点芝麻油。到了1岁半左右，宝宝开始尝试着吃种类更多的正餐时，可以用营养较高的花生油或核桃油为宝宝炒菜。

盐

6个月内的宝宝，饮食以清淡为主，辅食没必要添加食盐。6个月后，每天给宝宝喂一两次加盐的辅食就可以了。而3岁以下的宝宝每日食盐用量不超过2克就够了。膳食钠的来源除食盐外还包括酱油、咸菜、味精等高钠食品。

糖

4个月后可少量添加，不宜过多。如果在辅食中添加过多的糖，一方面会导致宝宝养成爱吃甜食的坏习惯，同时，糖会给宝宝提供过多的热量，导致宝宝对别的食物的摄取量相应减少，胃口也变差。其次，吃糖还容易形成龋齿和引发肥胖。

醋

1岁以前不宜给宝宝食醋。1岁以后，宝宝可以逐渐少量地吃醋，特别是夏季，出汗较多，胃酸也相应减少，而且汗液中还会丢失相当多的锌，使宝宝食欲减退。如果在烹调时加些醋，可增加宝宝胃酸的浓度，能起生津开胃、帮助食物消化的作用。

辅食中能添加调味料吗

妈咪宝贝 市面上有很多零食都含有过多的调味料，建议妈妈控制宝宝吃零食的量。尤其是一些垃圾小食品，对宝宝的生长发育有百害而无一利，要严格禁止宝宝食用。

宝宝吃辅食后便秘上火怎么办

首先，妈妈要保证奶量，因为宝宝才4~5个月，吃辅食只是为了使宝宝的胃肠道慢慢学会消化，这些辅食不能顶饱。如果把本来吃的奶撤掉，宝宝就会挨饿，胃肠道的食物没有富余，就不可能有大便。因此要保持原来的奶量，在吃奶之余添加1~2小勺辅食，让宝宝学习消化，宝宝的胃肠道饱足后就会有大便排出。

其次，给宝宝添加的辅食中最好包含一些对通便有帮助的食物，如西红柿、香蕉、梨、黄瓜、南瓜、白薯、萝卜等。可以将这类食物加水煮熟搅拌成蔬果汁，要将蔬菜和果肉一起搅拌，可以单一的1种或者2种混合在一起来制作，通便效果非常好，而且有营养。喝蔬果汁，宝宝就不会便秘了。开始的时候，可以少放菜，多放水来做，不要打得太稠，如果味道比较淡，可以加少量的冰糖，或者含微量元素的糖都可以，但加糖要适量，不要太甜。水果有甜味就不用放糖了，味道也不错。

另外，选购市售辅食时要注意其中是否添加了益生元。益生元可以促进肠道有益菌的生长，建立健康的肠道环境，有利于营养素更好地被消化吸收。在宝宝便秘上火的时候，可以先将辅食停一停。在停的过程中，宝宝不见有好转的情况下，可以让宝宝食用英吉利清火宝，清火宝含有丰富的益生元，对宝宝的肠道健康能起到很好的帮助作用。

宝宝便秘能否用开塞露

可以用，但要尽量少用。因为时间长了以后会形成一种依赖，习惯性地便秘就不好了。

当宝宝患有严重的便秘时，可以问问医生有哪些治疗宝宝便秘的方法可以选择。看看有没有帮助大便软化的非处方药能使宝宝排便更顺畅，千万别在未经医生允许的情况下给宝宝吃通便药。如果宝宝便秘严重，医生可能会建议给他用甘油栓（甘油和硬脂酸钠混合制剂，用于排空直肠），比如开塞露。这种栓剂能刺激直肠，帮助宝宝排便。偶尔用用也没什么坏处，但不要经常给宝宝用，因为宝宝可能会对药物产生依赖。

如果宝宝便秘比较严重，拉的大便又硬又干，把肛门口周围细嫩的皮肤都撑破了(这叫做肛裂，能够看到伤口或一点血迹)，可以在这些部位给宝宝抹点含芦荟的润肤液帮助伤口愈合。但是别忘了向医生说明宝宝有肛裂的情况。

当宝宝有严重便秘时，妈妈要注意检查一下宝宝所吃的东西是否容易引起上火，如所选的奶粉、所添加的辅食等，并注意观察宝宝吃什么能起到润肠通便的效果。每个宝宝的体质不一样，对食物的吸收消化能力也不一样，不能只听信别人吃什么好就给宝宝吃什么。

可以用哪些食物让宝宝磨牙

6个月左右，宝宝开始长牙了。这时宝宝的牙龈发痒，是学习咀嚼的好时候了。妈妈可以为宝宝准备一些可以用来训练宝宝咀嚼能力的小食品。

1 柔韧的条形地瓜干：这是比较普通的小食品，正好适合宝宝的小嘴巴咬，价格又便宜。买上一袋，任他咬咬扔扔也不觉可惜。如果妈妈觉得宝宝特别小，地瓜干又太硬，怕伤害宝宝的牙床，可以在米饭煮熟后，把地瓜干撒在米饭上焖一焖，地瓜干就会变得又香又软。

2 手指饼干或其他长条形饼干：此时宝宝已经很愿意自己拿着东西啃，手指饼干既可以满足宝宝咬的欲望，又可以让他练习自己拿着东西吃。有时，他还会很乐意拿着往妈妈嘴里塞，表示一下亲昵。要注意的是，不要选择口味太重的饼干，以免破坏宝宝的味觉培养。

3 新鲜水果条、蔬菜条：新鲜的黄瓜、苹果切成小长条，又清凉又脆甜，还能补充维生素的摄取。

4 在长牙时要补充一些高蛋白、高钙、易消化的食物，以促进宝宝牙齿健康生长。

怎样给宝宝断夜奶

逐渐减少次数

从第4个月起，宝宝就可以省掉夜里的一顿奶了，妈妈们要有计划有安排地让宝宝养成夜里不吃奶的习惯。可以慢慢减少给宝宝夜间喂奶的次数，从3次到2次再到1次，让宝宝慢慢习惯。

晚餐要吃饱

为了防止宝宝饿醒，晚上临睡前的最后一顿奶要延迟，并且要把宝宝喂饱。妈妈可以晚上10点多喂饱他以后，让他睡到第二天早上6点。

学会安抚宝宝

如果宝宝半夜醒来哭闹，也不要给他喂奶。妈妈要明白只要睡前吃饱了，宝宝基本不会饿的。并且大多数时候宝宝半夜醒来是习惯使然，并非真的饿了。妈妈可以用轻拍、唱歌、轻轻摇晃的方法来安慰宝宝，让宝宝再次入睡。

使用安抚奶嘴

有时候宝宝哭闹，不一定是因为很饿，也可能是他想要吮吸的感觉，可以给他个安抚奶嘴吸吸，起到安慰代替作用。另外，即使宝宝饿点也没关系，因为睡觉不会消耗太多能量，如果宝宝一直哭，也可以给他喂点水喝。

喂足辅食

宝宝到了该添加辅食的月龄后，就应该给他喂足辅食。白天妈妈要尽量让宝宝多吃些，睡觉前摄入的食物要能够提供足够的能量，如蛋黄，这样他才不会因为感到饥饿而醒。

日常生活护理细节

宝宝头发又稀少又发黄怎么办

宝宝头发稀少

有些妈妈由于看到宝宝的头发稀少，就不敢给宝宝洗头，害怕头发脱落变得更少。其实，妈妈完全没有必要这样担心，小宝宝的头发稀少完全能够通过后天的营养补充来进行调节，使宝宝的头发逐渐转变。也有些宝宝头发稀少只是生理性现象，小时候会出现稀少的现象，但是随着宝宝逐渐长大，在5岁左右，头发就会慢慢地长出来。妈妈应该为宝宝勤洗头、勤梳头，保证宝宝头皮血液循环的畅通。

有些妈妈盲目地在宝宝头皮上涂擦生发精、生发灵之类的药物，想让宝宝更快地长出浓密的头发，但妈妈却忽略了重要的一点，这类药物并不适用于宝宝稚嫩的头皮，有时可能还会给宝宝带来不良后果。

宝宝头发发黄

遗传：头发颜色的深浅与遗传因素有密切的关系。很多宝宝小时候的头发颜色与爸爸妈妈小时候头发的颜色是一样的，随着年龄的长大，颜色会逐渐变黑。

营养：宝宝头发的颜色与他摄取的蛋白质、维生素、微量元素有关，比如缺铁、缺锌的宝宝，头发就容易发黄、无光泽、

稀疏；蛋白质缺乏的宝宝，同样发质比较差。所以，妈妈要让宝宝摄入全面的营养。

随着宝宝营养需求的满足，他的头发会逐渐变黑、变亮。宝宝长大后，头发从稀少、色黄慢慢变成应有的浓密、黑色，是常见的事情。

妈咪 宝贝

如果是因疾病引起的头发少或黄，就会有疾病的主要症状，一般很容易鉴别。如果宝宝很健康，只有头发少或黄，不必为此去医院检查。

宝宝晚上睡觉爱出汗正常吗

有些1岁以下的宝宝晚上睡觉时老爱出汗，夏天大汗淋漓似乎还可以理解，但有时冬天非常寒冷的时候妈妈甚至也会看到入睡后宝宝的额头上布满一层小汗珠，这到底是什么原因造成的呢？是正常现象吗？

一般而言，如果宝宝只是出汗多，但精神、面色、食欲均很好，吃、喝、玩、睡都非常正常，就不是有病。可能是因为宝宝新陈代谢较其他宝宝更旺盛一些，产热多，体温调节中枢又不太健全，调节能力差，就只有通过出汗来进行体内散热了，这是正常的生理现象，妈妈只需经常给宝宝擦汗就行了，无须过分担心。

但若宝宝出汗频繁，且与周围环境温度不成比例，明明很冷却还是出很多汗，夜间入睡后出汗多，同时还伴有其他症状，如低热、食欲不振、睡眠不稳、易惊等，就说明宝宝有些缺钙。如还有方颅、肋外翻、O形腿、X形腿等病症，则说明宝宝缺钙非常严重，应及时补充钙及鱼肝油。此外也有可能患有某些疾病，如结核病或其他神经血管疾病以及慢性消耗性疾病等。总之，如果出现不正常的出汗情况，妈妈应及时带宝宝去医院检查，找出病因，以便及时治疗。

耳内的耳垢可请医生帮忙清理

如果你认为宝宝耳朵里有耳垢堆积，可以在宝宝例行体检时请医生看看。医生会告诉你问题是否严重，并通过用温热的液体冲洗宝宝的耳道，安全地清除耳垢，这种方法可使耳垢松动，并自行排出耳道。医生还可能用塑料小工具(耳匙、刮匙）清理顽固的耳垢，这样做不会造成任何伤害。如果宝宝总是耳垢过多，医生就会告诉你简单的冲洗方法，你可在家里自己为宝宝清除耳垢。

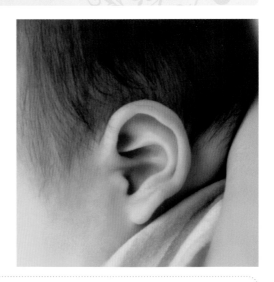

妈咪 宝贝

有的宝宝耳屎颜色较深，黄褐色，很黏稠，有时堆在外耳道口，俗称为油耳屎，这是正常现象，无须治疗。

宝宝口水多如何护理

宝宝流口水并不是大问题，但因清洁不当而感染其他疾病，那可就得不偿失了。所以，父母应加强宝宝平日里的清洁卫生。

流口水是正常现象

宝宝流口水是一种正常的生理现象，正常的宝宝从6个月后就开始口水涟涟了，这是出牙的标志，父母不必紧张。宝宝2岁后，其吞咽口水的功能逐渐健全起来，这种现象就会自然消失。但也有的宝宝流涎是因为病理上的，也就是不正常的流口水。

护理好爱流口水的宝宝

虽然宝宝流口水属正常现象，但若置之不理，宝宝流出来的口水会打湿衣襟，容易感冒和诱发其他疾病，有的不经治疗可数年不愈。

1 随时为宝宝擦去口水，擦时不要用力，轻轻将口水拭干即可，以免伤害宝宝皮肤。

2 用温水清洗布满口水的皮肤，然后涂抹宝宝霜，以保护下巴和颈部的皮肤。

3 最好给宝宝围上围嘴，并经常更换，保持颈部皮肤干燥。

4 当宝宝出牙时，流口水会比较严重，可以给宝宝买磨牙饼干或磨牙棒，帮助宝宝长牙齿，减少流口水。

5 勤给宝宝清洗枕头，因为宝宝会经常把口水流到枕头上，滋生细菌。

妈咪 宝贝

如果宝宝口水流得特别严重，最好去医院检查，看看宝宝口腔内有无异常病症、吞咽功能是否正常。有的流涎是由脑炎后遗症、呆小病、面神经麻痹而导致调节唾液功能失调，因此应去医院明确诊断。

给宝宝用安抚奶嘴好不好

很多妈妈想给宝宝使用安抚奶嘴，以便腾出时间来好好休息，但又担心会使宝宝形成乳头错觉，影响母乳喂养。其实，关于安抚奶嘴会影响母乳喂养的说法，是没有事实根据的。当然使用安抚奶嘴有好处也会有不好的地方，妈妈应根据实际情况作出选择。

使用安抚奶嘴的好处

1 吮吸安抚奶嘴有助于让宝宝养成用鼻呼吸的习惯。

2 减少宝宝的哭闹，使疲惫的妈妈得到暂时的休息。

3 对早产儿或宫内发育迟缓的宝宝，吸安抚奶嘴是一种安慰刺激，可促进其体重增长。

使用安抚奶嘴的坏处

1 成为妈妈敷衍宝宝的替代品。宝宝一哭就找奶嘴，用奶嘴代替了亲人的拥抱、亲吻，减少了亲子间互动，使妈妈不再了解宝宝。

2 部分宝宝难以戒掉，长期地使用，可引起宝宝的嘴部，甚至牙齿变形。

权衡利弊，宝宝使用安抚奶嘴还是有必要的。安抚奶嘴不但可以确保吮吸的安全性，还能帮助宝宝养成正确的吮吸习惯。只是小宝宝通常对安抚奶嘴的大小和

形状很挑剔，所以在最开始的时候，要多给宝宝试用几个不同形状、大小的安抚奶嘴，观察宝宝的反应，直到选到他满意的为止，也不能长期依赖安抚奶嘴，以免造成宝宝牙齿变形。

妈咪 宝贝

注意所谓的安抚奶嘴应该是无孔的，而不是一个空乳头。空乳头不能给宝宝吸，以免吸入大量空气引起腹胀、吃奶不好等一系列消化道问题。

带宝宝出去晒太阳要注意什么

选择适宜的时间晒太阳

冬季太阳比较温和，适合多在户外晒晒太阳。晒太阳时应选择适当的时间，宝宝从2个月以后，每天应安排一定的时间到户外晒太阳。

照射的时间要逐渐延长，可由十几分钟逐渐增加至1小时，最好晒一会儿就到阴凉处休息一会儿。

注意防晒

妈妈一定要在出门时给宝宝用防晒霜。要选择没有香料、没有色素、对皮肤没有刺激的儿童专用物理防晒霜。防晒系数以15为最佳，因为防晒值越高，给宝宝皮肤造成的负担越重。给宝宝用防晒霜时，应在外出之前15~30分钟涂用，这样才能充分发挥防晒效果。而且在户外活动时，每隔2~3个小时就要重新涂抹1次。

要避免阳光直射眼睛，夏天阳光过强时不可让宝宝在太阳下暴晒

妈咪 宝贝

经常看到一些妈妈将宝宝关在屋里，隔着玻璃晒太阳，其实，这种做法是不可取的。宝宝体内的维生素D除来自食物外，主要靠紫外线照射皮肤时体内产生而得。而玻璃能阻挡紫外线的通过，因此，晒太阳要尽量使皮肤直接与阳光接触，不要隔着玻璃晒太阳。

如何选购和使用婴儿车

选购婴儿车

1 婴儿车的式样很多，应选择可以放平使宝宝躺在里面、拉起来也可以使宝宝半卧斜躺的婴儿车。最好车上装有一个篷子，刮风下雨也不怕了。

2 车子的轮子最好是橡胶的，推起来不至于颠簸得太厉害。轮子最好比较大，大轮子具有较佳的操控性，一般要求前轮有定向装置，后轮设有刹车装置，配有安全简易的安全带。

3 产品要有安全认证标志，不要有可触及的尖角、毛刺，以免划伤宝宝皮肤。各种转动部件应运转灵活。刹车功能可靠。

4 不追求过多功能，应以宝宝的安全为出发点。

使用婴儿车

1 使用前进行安全检查,如车内的螺母、螺钉是否松动，躺椅部分是否灵活好用，轮闸是否灵活有效等。

2 宝宝坐车时一定要系好腰部安全带，腰部安全带的长短、大小应根据宝宝的体格及舒适度进行调整，松紧度以放入大人四指为宜，调节部位的尾端最好能剩出3厘米长。

3 宝宝坐在车上时，妈妈不得随意离开。非要离开一下或转身时，必须固定轮闸，确认不会移动后才离开。

4 切不可在宝宝坐车时，连人带车一起提起。正确做法应该是：一手抱宝宝，一手拎车子。

5 不要长时间让宝宝坐在车里，任何一种姿势，时间长了都会造成宝宝发育中的肌肉负荷过重。正确的方法应该是让宝宝坐一会儿，然后妈妈抱一会儿，交替进行。

妈咪 宝贝

宝宝4个月以后，要经常推宝宝去室外呼吸新鲜空气，晒晒太阳。

如何缓解宝宝出牙期牙床不适

出牙期的症状常常包括易发脾气、流口水、咬东西、哭闹、牙龈红肿、食欲下降和难以入睡等。这些虽属正常现象，但妈妈也需要学习一些方法缓解宝宝的不适和痛苦。

1 按摩牙龈：妈妈洗净双手，用手指轻柔地摩擦宝宝的牙龈，有助于缓解宝宝出牙的疼痛。但是，等到宝宝开始变得淘气，力气长大了，牙也出来几颗时，妈妈要注意避免宝宝咬伤自己。

2 冷敷牙龈：让宝宝嚼些清凉的东西对发炎的牙龈有镇痛作用，如冰香蕉或冷胡萝卜，妈妈可以让宝宝咬一咬。妈妈也可以让宝宝吮吸冰块，但冰块必须用毛巾包住，且妈妈还必须帮宝宝拿着毛巾。

3 巧用奶瓶：在奶瓶中注入水或果汁，然后倒置奶瓶，使液体流入奶嘴，将奶瓶放入冰箱，保持倒置方式，直至液体冻结。宝宝会非常高兴地咬奶瓶的冻奶嘴。妈妈记得要不时查看奶嘴，以确保它完好无损。

4 让宝宝咀嚼：咀嚼可帮助牙齿冒出牙龈。任何干净、无毒，可以咀嚼，万一吞咽也不会因为过大或过小而堵住气管的东西都可以用来给宝宝咀嚼。市面上的磨牙饼是很好的选择（尽管会让宝宝身上脏兮兮的），有点硬的面包圈也是宝宝咀嚼的绝佳物品。

5 转移宝宝的注意力：最好的方法可能是让宝宝不再注意自己要冒出牙齿的牙龈。试着和宝宝一起玩他最爱的玩具或者用双手抱着宝宝摇晃或跳舞，让宝宝忘记不适感。

妈咪　宝贝

不是特别需要的情况下，最好不要使用儿童专用的非处方类镇痛药，比如儿童用泰诺琳滴剂。到必须要使用时，请务必严格遵循包装上的说明。

如何在家给宝宝降温

对于发热的宝宝，物理降温不但有效，而且更加安全。下面向父母推荐一些简单易行的物理退烧方法。当宝宝出现发热时，可及时采取下面几种降温方法给宝宝降温。

方法一：温湿敷

1 准备好温水，温度在30℃左右。

2 将宝宝的衣服解开，毛巾打湿，用温水毛巾上下搓揉宝宝的身体。

3 10~15分钟换1次毛巾。

方法二：冰敷

1 在塑料袋内装入刚从冰箱取出的自制冰块，扎紧，套2~3层，防止漏出，然后在外面包上毛巾即可。

2 将冰袋敷在宝宝后枕部、前额或者腋窝下、颈部、腹股沟等大血管经过的地方。

3 5~10分钟换1次，直至高热有所下降为止。

4 如果宝宝出现哆嗦、发凉、脸色发青或者局部皮肤发紫，要马上停止使用。

方法三：使用退热贴

1 沿缺口撕开包装袋，取出贴剂，揭开透明胶膜，将凝胶面直接敷贴于额头或太阳穴，也可敷贴于颈部大椎穴。贴时不要碰到头发、眉毛、伤口、眼部及皮肤有异常的部位。

2 每天1~3次，每贴可持续使用8个小时。

注意：用退热贴后，如果体温仍然在38.5℃以上持续不降，还是应该及时到医院就诊。

妈咪 宝贝 还有一种用酒精擦浴来降温的方法，效果也不错，但酒精毕竟是化学物质，若父母没有尝试过，就不要轻易使用这种方法，以免使用不当给宝宝带来伤害。

早教启智与能力训练

怎样提高宝宝双手的灵活性

宝宝出生后神经活动和运动器官的发育都遵循这样的规律，即由粗到细、由低级到高级、由简单到复杂。随着运动的不断发育，宝宝感受到外界的刺激越来越多，反过来会不断地促进其智力发育。所以"心灵"与"手巧"是相辅相成的。手在完成每一个动作时，要通过大脑、眼等各种感官的相互配合，训练宝宝手的灵活性和各种技巧，可同时促进大脑的发育和智力的发展。

4个月的宝宝就会有目的地伸手抓东西，并能把放在面前的东西放进口里。这

时父母应在宝宝面前放一些容易拿起来且又没有危险的小玩具，如小木槌、木圈、带响声的小玩具，逗引宝宝用手去拿。如果宝宝抓了几次，仍抓不到玩具，就将玩具直接放在他的手中，让他握住，然后再放开玩具，教他学抓。

5个月的宝宝能俯卧、抬胸时，可把玩具放在宝宝伸手能够到的地方让宝宝抓，再把玩具换个地方，让宝宝转头或转身去找，宝宝找到后要鼓励。这样做可以锻炼宝宝头、颈、上肢的活动能力及动作，训练手、眼协调，另外也能促进宝宝触觉发育和记忆能力发展，锻炼宝宝看过的东西还想再去看，再去找。

妈咪 宝贝 可以给宝宝玩一些锻炼双手的游戏，如敲打家里的锅盆、撕纸、捡豆子等。给宝宝撕纸时要注意，不要给宝宝废旧的报纸和书刊，以免报纸上面容易脱落的油墨（含铅）对宝宝健康不利。

教宝宝认识和辨别颜色

颜色是物体的一个重要特性，认识物体的颜色，可以丰富宝宝关于物体特性的感性经验，帮助宝宝今后学习分类、对比等数理逻辑概念奠定良好的基础，对宝宝的智力发展和培养绘画兴趣都是大有益处的。

如何教宝宝认颜色

宝宝出生3~4个月后就有了对色彩的感受力。妈妈要抓住最早时期用较好的方法帮助宝宝认识颜色，先认红色，如皮球，告诉宝宝这是红的，再告诉他西红柿也是红的，宝宝会睁大眼睛表示怀疑，这时可再取2~3个红色玩具与西红柿放在一起，肯定地说"红色"。也可让宝宝从各种色卡中挑出红色，把不是红色的放在一边，把红色的放在一起，渐渐地宝宝就能认识红色了。其他颜色，妈妈也可用同样的方法进行训练。

要给时间让宝宝慢慢理解，颜色要慢慢认，千万别着急。不要同时介绍两种颜色，否则容易混淆。

为宝宝提供丰富色彩

多为宝宝提供一些丰富的色彩，可以在宝宝的居室里贴上一些色彩调和的画片挂历，在宝宝的小床上经常换上一些颜色温柔的床单和被套，小床的墙边可以挂上一条七色彩带。充分利用色彩对宝宝进行视觉刺激，对宝宝认识颜色有很大的帮助。

妈咪 宝贝

这个阶段的宝宝较喜欢红色和黄色，其次是绿色、橙色和蓝色。所以，妈妈在训练宝宝的颜色辨别能力时，要以这几种颜色为首选，依次训练宝宝的色觉能力。

如何发展宝宝触觉能力

给宝宝柔软的玩偶

柔软的玩偶能使宝宝神经松弛，产生舒适安详的感觉。当宝宝情绪激动或无法入睡时，可让他拥抱柔软的玩偶，如布娃娃、布动物等，使他原本兴奋的神经逐渐松弛下来，安然入睡。

毛毯、浴巾也可以当宝宝的玩具

触觉神经遍布全身，除了接受触觉刺激最多的双手外，宝宝身体其他部位亦渴望获得触觉刺激。宝宝在棉被或毛毯上翻滚或跳跃时，你不仅不要禁止，相反要多利用毛毯或浴巾，使宝宝身体的其他部分也能获得适当的触觉刺激。例如，可将毛毯铺在地板上，让宝宝在上面玩，或将浴巾披在他身上，当做披风玩耍。

玩触觉游戏

虫虫飞：宝宝可仰卧，也可靠坐在妈妈怀中。妈妈持宝宝小手，边将小手食指指尖对点，边说："虫虫，虫虫，飞喽！"表情活泼，语调夸张，使宝宝在充分获得神经末梢感觉刺激的同时，感受和理解语调。宝宝一般会随着妈妈的语言、动作而被逗笑。

小触觉球：妈妈拿小触觉球从宝宝的胸前滚到腹部、大腿，回到头部，或是从背部滚到屁股。滚动时要时而用力，时而

放松，给宝宝不同的感觉。在滚动的同时，遇关节处稍用点力挤压两下，特别是颈部、手掌、脚底、腿窝等敏感处。

妈咪 宝贝 通过触觉传递给大脑的讯息，对情绪发展也有重要影响。如果父母经常给宝宝轻柔的安抚，就能让宝宝产生安全感，不仅情绪比较稳定，注意力也比较容易集中。

宝宝怕生怎么办

宝宝一般从4个月起就能认妈妈了，6个月开始认生，8~12个月认生达到高峰，以后逐渐减弱。有些父母会认为自己的宝宝没出息，其实认生是宝宝发育过程的一种社会化表现。认生程度与宝宝的先天素质有关。

当宝宝开始区别父母和陌生人时，妈妈就要开始训练宝宝形成与人沟通，适应新事物、新环境的能力，以防止宝宝过于认生，从而形成胆小、害羞的性格。

宝宝认生，应积极引导

1 平时要注意多鼓励宝宝，不要用宝宝的缺点去和其他宝宝的优点比，要让宝宝觉得自己不比别的宝宝差。

2 可以有意识地锻炼宝宝的胆量，比如让宝宝独立地去完成一些事情等，锻炼宝宝的胆量。

3 鼓励宝宝与人接触交往。要让宝宝和同龄伙伴多接触，有意识地邀请一些小朋友到家中来，让宝宝做小主人。平时注意帮助宝宝结交新朋友。

4 父母要端正教育态度，从思想上认识对宝宝的溺爱、娇宠，只会造成宝宝怯懦、任性的性格。父母要树立起纠正宝宝怯懦性格的信心，要认识到只有教育得当，才能使年幼的宝宝得到健康发展。

妈咪 宝贝

不要急于求成地想改变宝宝怕生的性格而一下将宝宝置身在陌生环境中，那样对宝宝的发展是不利的。

如何与本阶段的宝宝做游戏

骑坐腹部游戏

让宝宝两腿骑坐在大人的腹部，用右手抱着宝宝腰部，左手托住宝宝的颈部和背部，向前后慢慢摇动，以后再向左右慢慢摇动，并边摇边说儿歌："摇呀摇，摇到外婆桥……"

跳舞游戏

把宝宝温柔地竖抱在怀中，伴着轻柔而节奏舒缓适于宝宝的音乐，轻轻地从一边到另一边摇摆、向前、向后，迈着舞步，跟着音乐的节拍转身或旋转。

藏猫猫

妈妈用手帕蒙住脸，发出"喵——喵——"的声音，然后拉下手帕再对宝宝说"喵——喵——"，引导宝宝发声。

坐飞机

爸爸抱起宝宝坐到自己的肩膀上，一手托住宝宝的屁股，一手搂着宝宝的腋下，让他面向外可以看到整个环境，然后爸爸开始像飞机一样跑来跑去。一边走或跑，一边配合飞机的"隆隆"声或说一首儿歌："小飞机，飞得高，飞过高山，飞过海洋；飞到宝宝家停下来，降落喽！"

听声音拿玩具

妈妈在家中选择宝宝喜欢的玩具，如小电话、小喇叭、小电子琴等，妈妈一面说，一面拿取玩具同他玩耍，并要求宝宝"给我拿小电话"，看他是否能拿对。

照镜子

爸爸抱宝宝到镜子前，先让他注视镜子里自己的形象，并对他说："谁在镜子里，是宝宝(宝宝的名字)。"分别指出宝宝在镜子中的五官，告诉他："这是宝宝的鼻子，这是宝宝的眼睛……"然后带宝宝在镜子跟前问："爸爸在哪儿？"再引导宝宝朝爸爸看或抓镜中爸爸的影像。

妈咪 宝贝

和4~6个月的宝宝做游戏，最好配儿歌，以提高宝宝的兴趣和增强效果。

教宝宝认识各种日常用品

4~6个月的宝宝，早上睡醒后，很快就能完全清醒过来，而且马上就要起床，好像新的一天有很多事等待他去做似的。的确，由于感觉知觉的发展和对身体控制能力的提高，面对这丰富多彩的世界，宝宝需要妈妈倾注更多的爱和时间，陪他读一读周围的世界这部活"书"。原来，妈妈是随机地见到什么就对他说什么，干什么就讲什么。现在，妈妈要有计划地教宝宝认识他周围的日常事物。宝宝最先学会认的是在眼前变化的东西，如能发光的、音调高的或会动的东西，像灯、收录机、机动玩具、猫等。

认物一般分两个步骤：一是听物品名称后学会注视，二是学会用手指。开始妈妈指给他东西看时，他可能东张西望，但妈妈要吸引他的注意力，坚持下去，每天5~6次。通常学会认第一种东西要用15~20天，学会认第二种东西用12~18天；学会认第三种东西用10~16天。也有1~2天就学会认识一件东西的。这要看妈妈是否敏锐地发现宝宝对什么东西最感兴趣。宝宝越感兴趣的东西，认得就越快。

宝宝认东西要一件一件地学，不要同时认好几件东西，以免延长学习时间。只要教得得法，宝宝5个半月时，就能认灯，6个半月能认其他2~3种物品，7~8个月时，如果妈妈问："鼻子呢？"宝宝就会笑眯眯地指着自己的小鼻子。

妈咪 宝贝

一般的宝宝常在会走以后才学认五官，而此时开始教育几乎可以让宝宝提前半年认识。

怎样锻炼宝宝更好地学坐

宝宝能够坐起来是很重要的，不仅有利于宝宝开始形成脊柱第二个生理弯曲，即胸椎前突，对保持身体平衡有重要作用，而且还可以接触到许多过去想够又够不到的东西，对感觉知觉的发育有重要意义。

从第4个月起，妈妈或爸爸可以每天和宝宝玩拉坐游戏，来训练宝宝的腰肌。训练时，先让宝宝仰卧在平整的床上，妈妈或爸爸握住宝宝的双手手腕，也可用双手夹住宝宝的腋下，面对着宝宝，边拉坐，边逗笑，边对话，在快乐的气氛中，慢慢将宝宝从仰卧位拉到坐位，然后再慢慢让宝宝躺下去。练习多次后，妈妈或爸爸只需稍微用力帮助，宝宝就能借助妈妈或爸爸的力量自己用力坐起来。

开始进行拉坐训练时，时间一般控制在每次5分钟左右，然后逐渐延长至15~20分钟。

待5个月时，就可练靠坐或倚坐，靠沙发背坐或父母胸前坐，也可在床上用枕头垫住背部或两侧以防倾倒，进行坐的训练。开始靠坐时，宝宝常会向前倾或侧倾，但不用多久，宝宝就能挺直腰部。进入第6个月后，大多数宝宝已能稳稳地独坐了。靠坐或独坐较稳时，可以在宝宝前面放置玩具，让宝宝自由抓取，拿在手中摆弄玩耍。开始训练每次几分钟，逐渐延长至15~20分钟。

第 4 章

7~9个月的婴儿
（181~270天）

7个月的宝宝

体重	这个月的宝宝体重平均增长0.45~0.75千克，体重的正常范围为：男宝宝7.95~9.87千克，女宝宝7.58~9.20千克。妈妈不要认为宝宝越胖越健康，有一些儿童成人病的形成，肥胖就是元凶
身高	这个月的宝宝身高平均增长2厘米，身高的正常范围为：男宝宝66.8~73.8厘米，女宝宝66.2~70.4厘米。但这只是平均值，实际可能会有较大的差异。宝宝身高增长有时也会一节一节的，这个月没怎么长，下个月却长得很快。父母要动态观察宝宝的生长，不要局限在某个周、某个月

8个月的宝宝

体重	8个月的宝宝体重增长已经趋缓，宝宝的体重差异开始增大。8个月的宝宝本月体重有望增加0.22~0.37千克，体重的正常范围为：男宝宝8.32~10.34千克，女宝宝7.98~9.68千克
身高	这个月的宝宝身高增长规律与上个月相差不大，身高每月平均增长1.0~1.5厘米。身高的正常范围为：男宝宝68.3~74.8厘米，女宝宝68.0~72.6厘米

9个月的宝宝

体重	这个月的宝宝生长发育规律与上个月差不多，体重每月平均增长0.22~0.37千克。体重的正常范围为：男宝宝8.67~10.71千克，女宝宝8.31~9.95千克
身高	这个月的宝宝身高增长规律与上个月也相差不大，身高每月平均增长1.0~1.5厘米。身高的正常范围为：男宝宝70.5~75.1厘米，女宝宝68.8~73.2厘米

宝宝的生长发育

本阶段宝宝有什么样的能力

7个月的宝宝

7个月的宝宝各种动作开始有意向性，会用一只手去拿东西，会把玩具拿起来，在手中来回转动。还会把玩具从一只手递到另一只手或用玩具在桌子上敲着玩。仰卧时会将自己的脚放在嘴里啃。

这时候，宝宝已经会熟练地翻身，当家人用玩具在前面逗引，并用手抵住宝宝的脚掌向前推的时候，宝宝可以向前移动。可以不用别人扶而自己坐着，但还不能坐得太久。

8个月的宝宝

8个月的宝宝手指灵活多了，此前如果他手里有一件东西，你要再递给他一件，他会把手里的扔掉，再接新递过来的东西。现在他不会扔了，他会用另一只手去接，这样可以一只手拿一件，两件东西都可摇晃，相互敲打。

这时候，宝宝已经学会自己抓住栏杆站起来，可以熟练地从腹侧到背侧及由背侧到腹侧地打滚，能用胳膊和膝盖支撑形成爬的姿势，并来回摇动。

9个月的宝宝

9个月的宝宝能够坐得很稳，能由卧位坐起而后再躺下，能够灵活地前、后爬，但又不再满足于爬，喜欢扶着床栏杆站着，甚至行走。双手会灵活地敲积木，会把一块积木搭在另一块上或用瓶盖去盖瓶子口。

妈咪　宝贝　这个时期的宝宝正是学爬、学站的时候，妈妈要多陪宝宝练习，并注意居室的安全，尤其是当宝宝在床上时，妈妈要在一旁看护，以免宝宝摔下床，出现意外。

本阶段宝宝有哪些行为特点

7个月的宝宝

这时期的宝宝，对于周围环境中鲜艳明亮的活动物体都能引起注意。拿到东西后会翻来覆去地看看、摸摸、摇摇，表现出积极的感知倾向，这是观察的萌芽。这种观察不仅和动作相关，而且可以扩大宝宝的认知范围，引起快乐的情感，对发展语言有很大作用。但是，宝宝的观察往往是不准确的、不完全的，而且不能服从于一定的目的和任务。

8个月的宝宝

8个月的宝宝有一个十分显著的表现行为，那就是四处观望。他们会东瞧瞧，西望望，似乎永远也不会疲劳。从8个月到3岁大的宝宝们，会把20%的非睡觉时间，用在一会儿探望这个物体，一会儿又探望那个物体上。

这时宝宝还有一个行为特点，就是喜欢用手攥东西，而且攥住什么就不轻易放手，妈妈抱着他时，他就攥住妈妈的头发、衣带。对宝宝的这一特点，妈妈可以给他一件适合他攥住的玩具。另外，他也喜欢用手捅，妈妈抱着他时他会用手捅妈妈的嘴、鼻子。此时的宝宝也喜欢摸摸东西，敲敲打打各种玩具，他会把拿到手的东西放到嘴里啃。

9个月的宝宝

9个月的宝宝已经能听懂一些大人简单语言的意思了，对大人发出的声音能应答。当妈妈用语言说到一个常见的物品时，宝宝会用眼睛看或用手指该物品。也就是说，宝宝能够把感知的物体和动作、语言建立起联系。

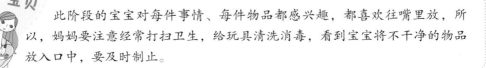

妈咪 宝贝

此阶段的宝宝对每件事情、每件物品都感兴趣，都喜欢往嘴里放，所以，妈妈要注意经常打扫卫生，给玩具清洗消毒，看到宝宝将不干净的物品放入口中，要及时制止。

营养需求与喂养指导

如何帮宝宝顺利度过厌奶期

1岁以下的宝宝有时候会出现没有任何明显理由突然拒绝吃奶的情况，这通常称为罢奶。这和宝宝的生长速度放慢，对营养物质的需求量减少，对奶的需求量本能地减少有关系。这个过程大概会持续一周，在医学上称为生理性厌奶期。

宝宝厌奶的现象普遍发生在6个月以后，妈妈可以采取以下应对方法帮宝宝顺利度过厌奶期。

1 不要随意更换奶粉：这时宝宝本来奶量就有所减少，增加辅食后，丰富多样的口感容易使宝宝对吃奶失去兴趣，如再忽然将平时吃熟悉的奶粉更换便会引起宝宝拒食。要换奶粉须采用前面提到的渐进式的添加方法：混合置换或一顿一顿置换。

2 了解原因，补充需求：如果宝宝厌奶是因为生病了，那就必须先依症状的不同给予适当的食物，如便秘会影响食欲，导致无心喝奶，这时给些蔬菜、水果等富含维生素的食物，可改善便秘，等宝宝便秘好后自然就又吃奶了。

3 如果宝宝实在不想吃牛奶，妈妈不要每天强行地喂，否则产生厌奶情绪，反而会一直不想吃了。妈妈可想办法提供一些含钙的食物替代，过一段时间再喂牛奶就可接受了。

4 给宝宝制造一个安静进食的环境，以免分心而忘记吃奶。

另外要注意，有的宝宝只是暂时性的厌奶，一段时间过去后，随着运动量的增加，奶量又会恢复正常。这并不是"自我断奶"，所以不能贸然给宝宝断奶。

妈咪 宝贝
宝宝厌奶的发生并非就代表着宝宝营养不良。如果宝宝的体重、身高增长正常，且活动时精神，无其他异常现象发生，这种厌奶情况通常会在一段时间后恢复正常，妈妈不必过于担心。

本阶段宝宝适合吃什么辅食

米粉、麦粉、米糊

为宝宝提供能量，并锻炼宝宝的吞咽能力。

粥

可以用各种谷物熬成比较稠的粥，还可以在粥里加一些肉泥和切得比较烂的蔬菜。

烂面条

可以买那种专门给宝宝吃的面条，煮的时候掰成小段，加一些切碎的蔬菜、蛋黄等，煮到很烂的时候给宝宝吃，锻炼宝宝的咀嚼能力。

蛋类食品

不但可以吃蛋黄，还可以吃蒸全蛋，但是要从少量开始添加，并注意观察宝宝有没有过敏反应。

蔬菜和水果

各种蔬菜、水果、蔬菜泥、果泥都可以尝试给宝宝吃。但是葱、蒜、姜、香菜、洋葱等味道浓烈、刺激性比较大的蔬菜除外。

鱼泥和肉泥

鱼可以做成鱼肉泥，也可以给宝宝吃肉质很嫩的清蒸鱼，但是要注意挑干净鱼刺。

碎肉末

一些家禽和家畜的肉，可以做成肉末给宝宝吃。

肝泥

含有丰富的铁、蛋白质、脂肪、维生素A、维生素 B_1 及维生素 B_2，能帮宝宝补充所需要的营养。

动物血

含有丰富的铁质，能帮宝宝预防缺铁性贫血。

鱼松和肉松

猪肉、牛肉、鸡肉和鱼肉等瘦肉都可以加工成肉松，含有丰富的蛋白质、脂肪和很高的热量，可以给8个月的宝宝吃。

豆腐

含有丰富的蛋白质，并能锻炼宝宝的咀嚼能力。

磨牙食品

在喂食结束后，可拿些烤馒头片、面包干、磨牙饼干等让宝宝咀嚼，以锻炼宝宝的肌肉和牙床，促进乳牙的顺利萌出。搭配的果泥、肉泥可以略粗些，不用做成泥状。

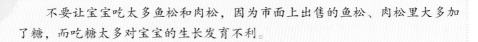

妈咪 宝贝

不要让宝宝吃太多鱼松和肉松，因为市面上出售的鱼松、肉松里大多加了糖，而吃糖太多对宝宝的生长发育不利。

宝宝食欲不佳怎么办

宝宝产生食欲不佳现象时，父母应先注意是否有以下的情况发生：

1　宝宝可能因为身体不舒服、口腔疾病、缺锌等导致食欲不佳。

2　平时已养成吃零食的习惯，对吃饭感到没有滋味。点心的给予方式不适当，用餐的时间不规律，饭前饮用过多的牛奶、果汁等饮料，都会让宝宝吃饭的时候食欲不佳。

3　有的宝宝从小没有锻炼咀嚼，吃什么都囫囵吞下，碰到稍硬的食物，不是吐出就是含在嘴里。妈妈为了让宝宝将食物咽下，就给宝宝喂大量的汤水，冲淡了胃酸。久而久之宝宝食欲减退。

4　如果宝宝的活动量不够，食物尚未完全消化，就没有饥饿感。宝宝过于疲劳或过度兴奋，吃饭时想睡觉或无心吃饭，也会影响食欲。

5　养育的方法是否恰当，是否有过分娇宠、放任的情形？用餐时父母有没有过度地强迫宝宝用餐？

父母应该针对上面几种引起宝宝食欲不佳的原因对宝宝的饮食及生活进行调理，如果解决了上面几个问题，宝宝仍然食欲不佳，妈妈最好注意下面两个问题。

1　补充微量元素：宝宝经常表现为生长迟缓、食欲不振、味觉迟钝甚至丧失、皮肤创伤愈合不良、易感染等。如果宝宝有这些情况发生，应马上带宝宝去医院，补充微量元素如补锌等，可以从根本上治疗疾患，增加食欲。

2　使用健脾开胃的药物：从中医的角度分析与小儿脾胃功能不好有关，治疗上可以服用健脾和开胃的药，如小儿康和小儿喜食糖浆，还有一些中成药也是有这个作用的。当然，给宝宝服药必须得到专业医生的许可及指导才行。

妈咪　宝贝

有时候宝宝的食欲不佳只是暂时性的，如果宝宝精神状况好，妈妈可不用担心。

怎样教宝宝用杯子喝水、喝奶

要让习惯使用奶瓶的宝宝学会用杯子喝水，执行起来比较困难，需要掌握一些小方法。

用吸管取代奶瓶

辅助工具：饮料吸管2支、1个装了半杯白开水的杯子、防水围兜。

1 妈妈将1支吸管含在嘴里，用力做出吮吸的动作，让宝宝模仿着重复数次。

2 将另一支吸管的一端让宝宝含在口里，另一端放在装了半杯白开水的杯子里。妈妈拿着杯子，并协助宝宝固定好吸管。

3 妈妈不断重复吮吸动作，让宝宝模仿着做。当宝宝意外地吸到杯子里的水之后，他很快就能了解这个动作所带来的结果，进而学会用吸管喝水。

用杯子取代吸管

在坚持使用吸管喝水一段时间之后，如果宝宝出现了看见大人喝水、自己也想学大人用杯子喝水的行为时，就可以考虑让宝宝尝试使用没有吸管的杯子了。一般来说，在宝宝大约满1岁时就可以开始训练。多练习几次，宝宝很快就能学会。

辅助工具：1个装了约10毫升白开水的杯子、防水围兜。

1 妈妈协助宝宝握紧杯子，慢慢将杯子里的水倒入宝宝口内。

2 一开始宝宝还无法很好地控制力量，可能会弄湿全身，所以要替宝宝围上防水围兜，并且提醒宝宝要慢慢喝。

3 当宝宝练习成功之后，记得要及时鼓励宝宝，并逐渐增加杯子内的盛水量。即便宝宝做得不够好，也不要责怪他，以免影响其学习用杯子喝水的积极性。

妈咪 宝贝

如果宝宝只对奶瓶情有独钟，妈妈可以试试在奶瓶中倒进白开水，而在水杯中放宝宝喜爱喝的饮料，在这种情况下，宝宝一般都会选择水杯。

日常生活护理细节

宝宝夜里睡觉蹬被子怎么办

稍大点的宝宝睡觉时，都有一个坏习惯，那就是蹬被子。为了不影响父母的休息，防止宝宝感冒，要注意下面几个问题。

不要给宝宝盖得太厚，也不要让他穿太多衣服睡觉，并且被子和衣服用料应以柔软透气的棉织品为宜，否则，宝宝睡觉时身体所产生的热量无法散发，宝宝觉得闷热的话就很容易蹬被子。一般来说，给宝宝盖的被子，春天和秋天被子的重量应在1~1.5千克为宜。夏季要用薄毛巾被盖好腹部。冬季被子的重量以2.5千克左右为好。睡觉前不要过分逗引宝宝，不要让他过度兴奋，更要避免让他受到惊吓或接触恐怖的事物，否则，宝宝入睡后容易做梦，也容易蹬被子。

其实，要防止宝宝蹬被子，最好的方法是让宝宝睡睡袋。

睡袋的选择

睡袋的款式非常多，只要根据宝宝的睡觉习惯，选择适合宝宝的睡袋就好。比如宝宝睡觉不老实，两只手喜欢露在外面，并做出"投降"的姿势，妈妈就可以选择背心式的睡袋；怕宝宝着凉也可以选择带袖的，晚上可以不脱下来，也一样方便。

睡袋的薄厚：现在市场上宝宝的睡袋有适合春季和秋季用的，也有适合冬季用的。选择睡袋的时候，妈妈一定要考虑居所所在地的气候因素，还要考虑自己的宝宝属于什么类型的体质，然后再决定所买睡袋的薄厚。

睡袋的花色：考虑到现在的布料印染中的不安全因素，建议妈妈尽量选择白色或浅色的单色内衬睡袋。

睡袋的数量：多数宝宝晚上都是穿着纸尿裤入睡的，尿床的机会很少，所以有两条睡袋交换使用就可以了。建议妈妈选择抱被式和背心式睡袋，两者搭配使用。

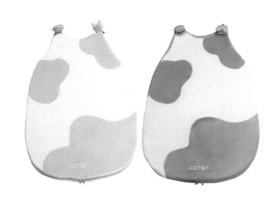

妈咪 宝贝

睡前不要给宝宝吃得太多，中医称之为"胃不和则卧不安"。

宝宝长牙了总咬乳头怎么办

相信不少妈妈都有过这样的经历：某一天，当你很舒适地享受着喂奶的愉悦，内心一片安详，突然间，乳头上一阵钻心的疼痛袭来，宝宝狠狠地咬了你一口。

引起这个现象的原因很多，最常见的是宝宝长牙，牙床肿胀，会有咬东西减痛的需要。

这时，你该怎么做呢？

宝宝一旦出现这样的行为，妈妈在喂奶时就要保持警觉了。通常宝宝在吮吸乳房时，会张大嘴来含住整个乳晕。若宝宝吃着吃着稍微将嘴巴松开，往乳头方向滑动，就要留意了，要改变宝宝的姿势，避免乳头被咬。

如果你感觉宝宝可能快要咬你了，一定要尽快把食指伸入宝宝嘴里，让宝宝不是真的咬到乳头。

如果你已经被宝宝咬到了，请先保持沉稳，不要对宝宝大叫或大骂，使他受到惊吓，也不要急着拉出乳头。你可以将宝宝的头轻轻地扣向你的乳房，堵住他的鼻子。为了呼吸，宝宝会本能地松开嘴。如此几次之后，宝宝会明白，咬妈妈会导致自己不舒服，他就会自动停止咬了。

另外，对于出牙期的宝宝，由于长牙难受想咬东西是正常的，妈妈可以准备一些牙胶或磨牙玩具放在冰箱里，或者冰冻一根香蕉，平时多给宝宝咬，甚至在喂奶之前先让宝宝把这些东西咬个够，可以缓解宝宝出牙不适。

妈咪 宝贝

不要让宝宝衔着乳头睡觉，以免宝宝在睡梦中，因牙龈肿胀而引起咬的冲动。妈妈可以在宝宝熟睡之后，将干净的食指或小指，缓缓伸入宝宝口中，让宝宝松开乳头。

如何保护宝宝的乳牙

7~8个月的宝宝已经开始长出一两颗牙了，虽然以后还会有换牙期，但在婴儿期不给宝宝进行牙齿保健护理，宝宝会很容易得龋齿。龋齿会影响宝宝的食欲和身体健康，会给宝宝带来痛苦。护理宝宝的乳牙要做好以下几点：

1 在出乳牙期间要注意宝宝口腔卫生，每次进食后要喂温开水漱口，特别要注意冲洗牙龈黏膜，以便把残留食物冲洗干净。如有必要，妈妈可戴上指套或用棉签等清除食物残渣。睡前多喂白开水，清洁口腔，预防龋齿。

2 要注意营养，多吃些鸡蛋、虾皮等含蛋白质、钙丰富的食物，以便增加钙质，同时也要吃一些易消化又硬度合适的食物，有利于牙齿生长，使牙齿健康。

3 经常带宝宝到户外活动，晒晒太阳，不仅可以提升宝宝的免疫力，还有利于促进钙质的吸收。注意纠正宝宝的一些不良习惯，如咬手指、舐舌、口呼吸、偏侧咀嚼、吸空乳头等。

4 入睡前不要让宝宝含着乳头吃奶，因为乳汁沾在牙齿上，经细菌发酵易造成龋齿。睡前可以给宝宝喂少量牛奶，不要加糖。

5 发现宝宝有出牙迹象，如爱咬人时，可以给些硬的食物如面包、饼干，让

他去啃，夏天还可以给冰棒让他去咬，冰凉的食物止痒的效果更好。

6 注意宝宝的睡姿要多变换，长期偏向一侧侧睡会使宝宝乳牙长得参差不齐。

妈咪 宝贝

宝宝萌牙后，应经常请医生检查，一旦发现龋齿要及时修补，不要认为反正乳齿将来会被恒齿替代而不处理。

宝宝消化不良能吃消化药吗

父母应先通过以下症状判断宝宝是否为消化不良。

1 拉绿色便便。

2 在睡眠中身子不停翻动，有时会磨牙。

3 食欲不振。

4 宝宝鼻梁两侧发青，舌苔白且厚，还能闻到呼出的口气中有酸腐味。

如果宝宝有以上症状，便可以初步判断为消化不良，再结合宝宝具体的排便情况，便可以得出简单的结论了。

1 便便绿色稀水样，便便次数增多，宝宝精神状况较好，表示肠蠕动亢进，属饥饿性腹泻，应该增加奶量。如果精神状况差，伴有呕吐、发烧等症状，则可能为病毒性肠炎。

2 便便泡沫多，有灰白色的皂块样物，呈奶油状，表示脂肪消化不良，应减少油脂类食物。

3 便便带腐败性酸味，泡沫多，说明糖类或淀粉类过多导致消化不良，应适当减少。

4 便便臭味明显，不成形，则表示蛋白质腐败作用增加，也就是蛋白质过多导致消化不良，这个时候就应当减少奶量。

那么宝宝出现消化不良时能不能吃消化药呢？如果宝宝只是消化不良，最好是父母把一个小时之内的大便送到医院化验。如果化验结果只是单纯消化不良的问题，可以不用特殊的药物治疗，可以服用妈咪爱或者益生元一类的药物。用这些药物可以调整宝宝胃肠道菌群，再加上父母在食物上进行调整，就完全可以好转。一般不建议父母在家里乱用药物，这类药有很多种，对症也稍有不同，最好在医生的指导下使用。

益生元

妈咪 宝贝

如果宝宝的精神状况不佳，还伴有呕吐、发烧或者大便中有异样颜色，需尽早到医院检查。

怎样观察宝宝的尿液是否正常

正常情况下，宝宝的尿色大多呈现出无色、透明或浅黄色，存放片刻后底层稍有沉淀。但尿色的深浅与饮水的多少及出汗多少有关，饮水多、出汗少的宝宝则尿量多而色浅，饮水少、出汗多的宝宝则尿量少而色深。通常早晨第一次排出的尿，颜色要较白天深。

寒冷季节，有些宝宝的尿色会发白，而且有一层白色沉淀。这种现象大多是由于宝宝肾功能未发育成熟，吃了含草酸盐或磷酸盐的食物，如菠菜、苋菜、香蕉、橘子、苹果等，尿排出后遇冷会形成结晶，使尿变混浊，妈妈不必惊慌。新生儿在最初几天尿色发深，稍有混浊，冷却后呈淡红色，这是尿酸盐的结晶，数天后会消失，是正常现象。

如果宝宝尿呈深黄色并伴有皮肤、巩膜发黄，则可能患上了黄疸性肝炎；宝宝尿呈乳白色伴有发烧、尿痛，可能患了肾盂肾炎；若宝宝尿呈鲜红色或肉红色，可能是血尿，是由肾炎、尿路结石、尿道畸形所致；若尿液混浊伴有高热、呕吐、食欲不振、精神不爽、尿痛和排尿次数频繁，宝宝可能患有泌尿系统疾病。

另外，一般未满周岁的宝宝尿量每天平均在500~600毫升，如果宝宝一日内的尿量多于3000毫升，便为多尿，若此时宝宝同时吃多、喝多，体重反而逐减，那么可能患了糖尿病。如果一日尿量少于250毫升，便为少尿，若同时伴有腹泻、口渴、唇干、无泪，表示体内失水。

妈咪 宝贝

不管是尿量还是尿色，出现异常情况，同时伴有其他不适症状，妈妈就应充分重视，及时带宝宝去医院诊治。

早教启智与能力训练

怎样引导宝宝学会爬行

　　7个月的宝宝，已经很好地掌握了爬这项活动技巧，妈妈可以根据宝宝的这一特点，对宝宝进行训练。让宝宝体验爬行的乐趣，训练双脚力量，并为行走作准备。

　　刚开始学爬时，宝宝可能不是很会，妈妈可以在前方摆放能吸引宝宝注意的玩具，引诱宝宝去抓。如妈妈在宝宝前面摆弄会响的小鸭子吸引他的注意，并不停地说："宝宝，看鸭子，快来拿啊！"爸爸则在身后用手推着宝宝的双脚，使其借助外力向前移动，接触到玩具，以后逐渐减少帮助，训练宝宝自己爬。

　　等到宝宝会爬后，妈妈可以在居室内用一些桌子、大纸箱等，设置种种障碍，并且在"沿途"放一些小玩具穿上小绳，更吸引宝宝寻找，激发他爬行的乐趣。

　　而且，为了提高宝宝爬的兴趣，妈妈最好能和宝宝一起爬着玩，从这个房间爬到另一个房间，然后钻过桌子和大纸箱，再把小件物品找到，挂在宝宝或者是妈妈的脖子上。如果宝宝此时对脖子上的玩具起了兴趣，爸爸可以在前面出示其他的玩具，逗引宝宝爬行，直到爬完设置的路线。

爬行时的宝宝常有情况

　　有些宝宝在爬行时用一条腿爬行来带动另一条腿，妈妈可能会误以为宝宝另一条腿发育不良，出现这种情形是因为宝宝在刚开始学习爬行时，两条腿的力量并不平衡，经常一条腿较不灵活，这种情况属于正常现象，妈妈无须过度担忧。如果这种状况维持太久而没有改进，就要怀疑宝宝可能患了肌肉、神经或脑性麻痹等异常状况。

妈咪 宝贝

　　选择在宝宝餐后1小时，觉醒状态下进行训练。训练完后一定要给宝宝洗手、换衣服。

爸爸如何与宝宝更亲近

留一些自由空间给爸爸和宝宝

爸爸回家后要多和宝宝接触，与宝宝说话、玩游戏，帮宝宝洗澡、冲奶粉等。刚开始如果宝宝对爸爸比较不亲近，爸爸可以和妈妈一起照顾宝宝，比如妈妈给宝宝洗澡时，爸爸可以帮忙拿东西，同时学着逗乐宝宝。

让爸爸和宝宝的身体更亲近一些

购物的时候，让爸爸抱着宝宝，或爸爸背上一个育儿袋，这样可以让宝宝和爸爸保持身体距离上的亲近。这种身体距离上的亲近可以很自然地拉近他们之间的关系。

给宝宝换衣服也是一个好时机。尤其到了晚上，妈妈感到疲劳快散架的时候，爸爸才显示出自己的优越性。爸爸能够给宝宝洗个澡，把衣服穿得整整齐齐的，然后再带着宝宝出去走走，这时候妈妈可以舒服地打个盹儿，或者从容地做点自己想做的私事儿。

从学习换尿布开始

小宝宝每天需要更换很多次尿布，因此，妈妈要把这个机会善加利用。一天换几次尿布对于爸爸来说，也是和宝宝建立亲密关系的大好时机。

共同分享喂食与哄睡

爸爸也可以在妈妈给宝宝喂奶的时候，参与到照料宝宝的生活中来。如果宝宝是全母乳喂养的，那么爸爸也同样可以参与进来。比如喂完奶后的安抚、轻拍等动作，就可以交给爸爸去做。爸爸还可以在宝宝吃完奶后，用自己的手指头按摩宝宝的小脚丫，让宝宝享受散步的感觉。

妈咪 宝贝

爸爸通常是宝宝心中崇拜的对象，所以爸爸要尽可能地将好的一面展现在宝宝面前，乐观的生活态度、处理问题的冷静表现、对待别人的热情大度等，都是非常值得宝宝学习的。

给宝宝讲故事要讲究方法

给宝宝讲故事的好处

7个月的宝宝虽然不会说话，但是宝宝可以听有简单情节的故事了，宝宝听到故事里的紧张情节的时候，面部有紧张的表情，听到伤心处会哭丧着脸，听到快乐情节时也会跟着快乐。宝宝的面部表情会随着情节变化而变化。所以妈妈应该多给宝宝讲故事，培养宝宝的语言能力和辨别情感的能力。

给宝宝讲故事的方法

1 故事的选题要好：几乎每个成年人都能记起孩提时代最令人难忘的故事，所以形象、生动、活泼的故事，可提高宝宝的兴致，宝宝喜欢听，也记得住。尽管不同的时代都有不同的故事，但古今中外著名的童话故事，仍然在教育着一代又一代的少年朋友。妈妈可以选购几本宝宝故事书，宝宝故事要求内容健康向上，具有趣味性，语言生动形象，贴近宝宝生活，富有生活哲理。

2 边讲故事边发问：在讲故事过程中，可以插入几个小问题。虽然宝宝现在还不能回答，但这种边讲故事边发问的方法，可使故事更生动形象，还可锻炼宝宝的记忆力和语言能力，以及锻炼宝宝的想象力和创造力。

3 讲故事时间不宜太长：讲故事可以随时随地，但每次讲故事的时间不要太长。不要讲一些容易使宝宝害怕的鬼怪故事，尤其是在晚上宝宝入睡前不要讲惊险、刺激的故事。

妈咪 宝贝

给宝宝讲故事，妈妈要保持温柔的语调，不要使用粗俗的语言，即使是"坏人"也不可使用骂人的脏话，以免污染宝宝纯净的心灵。

适合本阶段宝宝的游戏有哪些

钻山洞

爸爸妈妈相对，两膝跪在床上，两臂伸直相互交叉，使身体弯成"山洞"，妈妈爸爸一起念儿歌"轰隆隆，轰隆隆，火车快钻洞"，并引逗宝宝爬过"山洞"。

打击乐手

妈妈把家里可以敲敲打打的东西找出来，如盆、锅等，给宝宝一个小棒子，然后握着宝宝的手敲打盆、锅。玩着玩着，宝宝就想逃离妈妈的手自己玩了，这时妈妈可以允许宝宝自己玩，但不要离开，以免宝宝打到自己。

手指歌

妈妈和宝宝相对而坐，伸出双手，妈妈一边念儿歌，一边做动作。"大拇哥"（伸出两只大拇指摇一摇），"二拇哥"（伸出两只食指摇一摇），"三中娘"（伸出两只中指摇一摇），"四小弟"（伸出两只无名指摇一摇），"五小妞妞爱看戏"（伸出两只小指摇一摇），念到"爱看戏"时，大拇指和食指成圆圈，将圆圈靠近眼睛，其余三指伸直。一边念儿歌，一边教宝宝模仿妈妈的动作。

宝宝传花

父母双方和宝宝围坐在一起，播放节奏音乐，在音乐的节奏声下诱导宝宝把小花在家庭成员之间相互传递。一首曲子结束时，花传到谁的面前，就要谁表演节目。

纸盒里的秘密

妈妈找来各种颜色的布或小丝巾打结连成一长串，然后放入一个空的面巾纸盒内，留下一端。让宝宝自己拿一端不断地抽拉出来。

宝宝投篮

让宝宝坐在地上，在他前面约50厘米处放置一个小筐，然后让宝宝抓住小皮球，用力把小皮球投入筐内。

妈咪 宝贝

妈妈和宝宝玩游戏时，兴致要高，动作要慢，还要有耐心，反复教，反复练习，以帮助宝宝聪明快乐地成长。

给本阶段的宝宝玩什么玩具好

此时的宝宝已经会坐、会爬，喜欢在床上或地铺上爬来爬去，应该为宝宝准备一些能够吸引他爬行的球类玩具。此时的宝宝好奇心强烈，喜欢各种声响，经常敲敲打打弄出些声音来，以此为乐；喜欢模仿大人动作，比如喜欢翻书；自己喜欢的玩具抓住就不肯让别人拿走。

所以，父母可为本阶段的宝宝准备以下几种玩具：

1　捏响、摇响等可发声的玩具，如挤压时可吱吱叫的橡皮玩具、金属锅和金属盘、小鼓、小木琴、玩具电话等，可锻炼手指和手腕动作，以及发展乐感。

2　滚动的皮球、电动和发条玩具，如像小型汽车那样可以拖拉的玩具，还有各种大小、颜色和质地的球等，以吸引宝宝够取、爬行。

3　初级宝宝图画书、不易撕坏的布书等，供宝宝睡前听故事之用。

4　咬与洗均不会损坏的玩偶等。

5　盛玩具的盒子、小筐和积木，以及耐久的塑料杯和塑料碗、漏斗和量勺等，练习取和放的动作。

6　选择色彩鲜艳的脸谱、各种五颜六色的塑料玩具、镜子、图片、小动物娃娃等，发展宝宝视觉和认知能力。

7　有不同手感、不同质地的玩具，如绒毛娃娃、丝织品做的小玩具、家里的一些物品也可以作为宝宝的床头玩具，积木、海滩玩的球等，以发展宝宝触觉。

妈咪 宝贝

家里的一些物品也可以作为宝宝的玩具，如地毯、地垫或席子等，可供翻滚和爬行之用；家里的锅、盒、罐子等，可供宝宝敲击之用。

第5章

10~12个月的婴儿
（271~360天）

10个月的宝宝

体重	10个月的宝宝体重增长不是很快，一个月可增长0.22~0.37千克，有时可能不增长。这个月宝宝的平均体重为：男宝宝9.22~9.44千克，女宝宝8.58~8.80千克。 如果宝宝快到10个月了，体重还不足7.36千克（男宝宝）和6.96千克（女宝宝），就要引起父母高度注意，必要时看医生
身高	身高的增长速度与上个月相同，一个月可以长1~1.5厘米。这个月宝宝的平均身高为：男宝宝72.5~73.8厘米，女宝宝71.0~72.3厘米

11个月的宝宝

体重	这个月宝宝的体重增长速度与上个月一样，平均每月增长0.22~0.37千克。这个月宝宝的平均体重是：男宝宝9.44~9.65千克，女宝宝8.80~9.02千克 在体重方面，父母可能更重视宝宝体重低的问题，而往往忽视宝宝体重偏高的问题。在父母看来，只有瘦是异常的，胖是正常的。现代儿童中，肥胖儿童的比例越来越高，应该引起父母的重视
身高	这个月宝宝的身高增长速度与上个月一样，平均每月增长1~1.5厘米。这个月宝宝的平均身高标准是：男宝宝73.08~75.20厘米，女宝宝72.30~73.70厘米

12个月的宝宝

体重	1岁的宝宝体重平均值是：男宝宝9.65~9.87千克，女宝宝9.02~9.24千克。一般情况下，宝宝全年体重可增加6.5千克
身高	1岁的宝宝身高平均值是：男宝宝75.2~76.5厘米，女宝宝73.7~75.1厘米。一般情况下，宝宝全年身高可增长25厘米

宝宝的生长发育

本阶段的宝宝有哪些进步

10个月的宝宝

10个月的宝宝能稳坐较长的时间，能自由地爬到想去的地方，能扶着东西站得很稳。拇指和食指能协调地拿起小的东西，会做招手、摆手等动作。这个时期的宝宝能模仿大人的声音说话，说一些简单的词，还能够理解一些简单且常用词语的意思，并会一些表示词义的动作。

另外，这个月的宝宝开始会看镜子里的形象，有的宝宝通过看镜子里的自己，能意识到自己的存在，会对着镜子里的自己发笑。

11个月的宝宝

11个月的宝宝坐着时能自由地向左、右转动身体，能独自站立，大人拉着他的一只手能走，推着小车能自己向前走。能用手捏起扣子、花生米等小东西，并会试探地往瓶子里装，能从杯子里拿出东西然后再放回去。双手摆弄玩具很灵活。会模仿成人擦鼻涕、用梳子往自己头上梳等动作，会拧开瓶盖，剥开糖纸，不熟练地用杯子喝水。

12个月的宝宝

12个月的宝宝已经能够直立行走了，而且已经能够理解大人的许多话，对于大人说话的声调和语气也产生了兴趣。喜欢用点头或摇头表达自己的意思。如果妈妈问他喜欢这个玩具吗，他会用点头或摇头来表达。妈妈要问他几岁了，他会用眼注视着妈妈，竖起食指表示1岁了。

妈咪 宝贝　这个阶段的宝宝活动范围加大，喜欢探索，对很多事情都好奇，比如想自己用勺子吃饭，想自己穿衣服等，这说明宝宝的独立意识在增强，父母要多给宝宝自己尝试的机会。

本阶段的宝宝有哪些心理特点

10个月的宝宝

10个月的宝宝喜欢模仿着叫妈妈，也开始迈步学走路了，他们喜欢东瞧瞧、西看看，好像在探索周围的环境。在玩的过程中，还喜欢把小手放进带孔的玩具中，并把一件玩具装进另一件玩具中。

11个月的宝宝

11个月的宝宝喜欢和父母在一起玩游戏、看书和图画，听大人给他讲故事。喜欢玩藏东西的游戏。喜欢认真仔细地摆弄玩具和观察事物，边玩边"咿咿呀呀"地说着什么，有时发出的音节让人莫名其妙。这个时期的宝宝喜欢的活动很多，除了学翻书、讲图书外，还喜欢玩搭积木、滚皮球，还会用棍子够玩具。如果听到喜欢的歌谣就会做出相应的动作来。

12个月的宝宝

他喜欢到户外活动，观察外边的世界，他对人群、车辆、动物都会产生极大兴趣。喜欢看图画、学儿歌、听故事，并且能模仿大人的动作，如做一些家务事。如果妈妈让他帮助拿一些东西，他会很高兴地尽力拿给妈妈，并想要得到大人的夸奖。

而且，这个时候的宝宝开始厌烦妈妈

喂饭了，虽然自己能拿着食物吃得很好，但还用不好勺子。他对别人的帮助很不满意，有时还大哭大闹以示反抗。

妈咪 宝贝

由于此阶段的宝宝语言能力还处在萌芽期，很多需要和愿望不会用关键的词来表达，还会经常用哭、闹、发脾气来表达内心的要求。这时，父母不要对宝宝发脾气，应该尽量去猜测宝宝需要什么，尝试用不同方法来满足宝宝，或者转移他的注意力，让他忘掉自己的要求。

营养需求与喂养指导

10~12个月：给宝宝断奶的最佳时间

断奶需要选择合适的时机，必须在宝宝身体状况良好时断奶，否则不但断奶会失败，还会影响宝宝的健康。

给宝宝断奶的最佳年龄

宝宝自从4个月时开始添加辅食，随着品种的逐渐增加，一般到6~7个月时就可以吃少量稀饭或面条了。开始可每天喂一次，随着宝宝消化功能和咀嚼功能的增强，添加辅食的次数慢慢增至每天2~3次。随着辅食的增加相应地减去1~3次母乳，到宝宝10~12个月时基本预备充分就可以断奶了。当然时间不一，但最佳的断奶时间是10~12个月，最迟不要超过2岁。

给宝宝断奶的最佳季节

断奶最好在春、秋两季，但如果宝宝对辅食很适应，父母又能注意食具消毒和食物卫生，则在任何季节都可断奶。

但是断奶的时间最好选择在秋凉季节，而不是炎热的夏季。因为宝宝由哺乳改为吃辅食，必然会增加肠胃的负担，加上天气炎热，消化液分泌减少，肠胃道的功能降低，容易发生消化功能紊乱而引起消化不良，甚至发生细菌感染而引起腹

泻。如果此时正是夏季，可以提前或稍微推迟一下断奶时间，以免给宝宝带来不良影响。另外，宝宝的身体出现不适时，断奶时间也应适当延后。

妈咪 宝贝

宝宝生病期间生理和心理都非常脆弱，如果妈妈还要强制断奶的话，会给宝宝身心带来伤害，还会导致断奶的不顺利。

如何给宝宝断奶

母乳喂养的宝宝，10~12个月是最适宜的断奶时期，如果在增加辅食的条件下仍保留1~2次母乳直到1岁半也是可以的。关键问题不在于硬性规定什么时候一定要断奶，而主要在于及早地、按时地去增加断奶食物即辅食，一方面让宝宝能得到充分的营养来满足自身生长发育的需要，另一方面让宝宝慢慢地习惯辅食，逐渐地、自然而然地断掉母乳，即所谓的自然断奶。

首先，妈妈要掌握循序渐进的方法，先考虑取消宝宝最不重要的那一顿母乳。最好是每隔一段时间取消一顿母乳，代之以奶瓶。如从10个月起，每天先减去白天喂的1顿奶，过1周左右，如果妈妈感到乳房不太发胀，宝宝消化和吸收的情况也很好，可再减去1顿奶，并加大辅食的量，逐渐断母乳，直至过渡到完全断母乳。一般情况下，完全断母乳2~3天后，宝宝即可适应，最迟在1周左右也能完成。

其次，宝宝会有习惯性的吃奶需求，这种吃奶习惯可以先移除。例如，宝宝早上起床习惯吃母乳、中午必须吃完母乳再睡觉，那么妈妈可以改变自己，让宝宝无法维持这些习惯。例如，妈妈可以比宝宝更早起床，让宝宝无法直接在床上吃奶；中午可能是让宝宝边吃边睡，可以改成让

宝宝到公园去玩耍，玩累了就回家睡觉。总之就是尽量让宝宝不要处在会让他想吃母乳的情境。

妈咪 宝贝

如果妈妈拿着奶瓶喂宝宝，他不肯接受的话（他一定是因为能闻到妈妈的气息，知道妈妈的乳房就在附近），可以尝试由爸爸或者其他家人来喂他。

断奶期间给宝宝添加什么辅食

宝宝10个月时就进入了断奶末期。这个阶段可以把哺乳次数进一步降低为不少于2次，让宝宝进食更丰富的食品，以利于各种营养元素的摄入。可以让宝宝尝试全蛋、软饭和各种绿叶蔬菜，既增加营养又锻炼咀嚼能力，同时仍要注意微量元素的添加。

到了12个月，宝宝应该完全断奶了，和大人一样形成一日三餐的饮食规律了。当然光靠3次正餐也是不够的，还需要在上午和下午给宝宝加2次点心，另外还要加2次配方奶或牛奶。

此外，随着乳量的减少，妈妈在给宝宝添加辅食的时候更要注意合理搭配，为宝宝提供充足而均衡的营养。多给宝宝吃营养丰富、细软、容易消化的食物。快1岁的宝宝咀嚼能力和消化能力都很弱，吃粗糙的食物不易消化，易导致腹泻。所以，要给宝宝吃一些软、烂的食物。一般来讲，主食可吃软饭、烂面条、米粥、小馄饨等，主菜可吃肉末、碎菜及蛋羹等。

每天500~600毫升配方奶或牛奶

断奶的意思是断掉母乳，而不是要断掉一切乳类食品。鉴于配方奶(牛奶) 等乳制品能为人类提供丰富的优质蛋白质，营养价值很高，不但在婴儿期，即使长大以后，宝宝也应该适当地喝点配方奶(或是吃一些乳制品)。也就是说，宝宝需要一直喝乳制品，如果是在1岁以前断母乳，应当喝配方奶粉，以每天500~600毫升配方奶为宜，可以早、晚各250~300毫升。1岁以后的宝宝可以给他喝牛奶，每天500毫升左右的量即可。

妈咪　宝贝

给宝宝做饭时多采用蒸、煮的方法，比炸、炒的方式保留更多的营养元素，口感也较松软。同时，还保留了更多食物原来的色彩，能有效地激发宝宝的食欲。

断奶时妈妈胀奶厉害怎么办

断母乳是每个母乳喂养的妈妈都要面对的问题，断奶时，很多妈妈会感觉奶胀得厉害，不舒服，甚至有的会影响正常的工作和生活。那么，有什么好的方法可以缓解断奶后奶胀痛呢？

断奶过程中，宝宝吮吸的时间和次数少了，泌乳素分泌也随之减少，这是一个自然过程。妈妈处理胀奶问题的关键是减少对乳房、乳头的刺激，除了减少吮吸外，还要避免让宝宝触摸乳房；饮食中适当控制水的摄入量；奶胀不适时，可挤出少量乳汁，但不应过度挤奶，以免刺激导致乳汁分泌过多；还可用冰袋冷敷乳房以减少

不适；此外，也可以在医生的指导下使用一些中药来回奶。一般用中药回奶的方法有以下几种：

1 用炒麦芽50~100克，加水煎服，每日1剂，连服3天。适用于产后早期和断奶前。

2 挤出奶后，可以用生芒硝(250克包好）外敷，每天3次。3天可以见到效果。

按照上面的方法，即可减轻胀奶。

注意不要自行服用回奶药，不要热敷和按摩，也不要听信什么偏方说可以快速回奶。

宝宝不爱喝水怎么办

很多宝宝只爱喝饮料、汽水，就是不爱喝白开水。饮料和汽水没什么营养，还会影响宝宝胃口，妈妈不能经常给宝宝喝。但是怎样使宝宝爱喝水呢？

1 千万不要强迫宝宝喝白开水，要有耐心，适当引导。一开始先减少饮料的摄入量，买一个宝宝喜欢的水壶或水杯，还可以把葡萄糖加入温开水中给宝宝喝。

2 不要等宝宝喝饱奶粉再喂，在宝宝饿的时候先喂水，然后才吃奶粉，吃饱后再喂一点水，每次都要这样做，让宝宝养成喝水的习惯。

3 宝宝4个月大后，可以榨果汁喝，还可以每天用一个苹果煲水给他喝。苹果含有丰富的果糖，并含有多种有机酸、果胶及微量元素。另外，其中丰富的纤维质还能帮宝宝调理肠胃，有助排泄，宝宝

喝最好了。

4 用水果或蔬菜煮成果水或菜水，果水可以不添加任何东西，维持原味，而菜水则可以略加一些盐，也可不加。

5 可在水中加入一些口感好的补钙冲剂。

6 多给宝宝吃一些多汁水的水果，如西瓜、梨、橘子等，也可以给他喝果汁（最好是自己用新鲜水果制作的）。

7 可以在每顿饭中都为宝宝制作一份可口的汤水，多喝些汤也一样可以补充水分，而且还富含营养。总之，通过以上方式，久而久之，宝宝就会养成喝白开水的好习惯了。

宝宝缺钙会有什么表现

这个时期的宝宝身体长得很快，骨骼、肌肉和牙齿都开始快速发育，因而对钙的需求量非常大。如未及时补充，2岁以下的宝宝，身体很容易缺钙。

1 常表现为多汗，即使气温不高，也会出汗，尤其是入睡后头部出汗，并伴有夜间啼哭、惊叫，哭后出汗更明显。部分宝宝头颅不断摩擦枕头，颅后可见枕秃圈。

2 偶见手足抽搐症。宝宝缺钙，血钙低时，可引起手足痉挛、抽搐。

3 厌食偏食。人体消化液中含有大量钙，如果人体钙元素摄入不足，容易导致食欲不振、智力低下、免疫功能下降等。

4 易发湿疹。2岁前的宝宝比较多见，有的到儿童或成人期发展成恶急性、慢性湿疹，或表现为异位性皮炎。

5 出牙晚或出牙不齐。有的宝宝1岁半时仍未出牙，前囟门闭合延迟，常在1岁半时仍不闭合。

6 前额高突，形成方颅。

7 常有串珠肋，是由于缺乏维生素D，肋软骨增生，各个肋骨的软骨增生连起似串珠样，常压迫肺脏，使宝宝通气不畅，容易患气管炎、肺炎。

妈妈们可以对照一下，看看宝宝有没有缺钙。妈妈在怀孕期、哺乳期有没有常规补钙？如果没有，宝宝缺钙概率是非常高的。那么，这个时候就应该补钙了。

妈咪 宝贝　如果妈妈带宝宝去医院检查了，检查结果表明你的宝宝并不缺钙，那么你不需要额外给宝宝补充钙剂，但还是需要多吃含钙丰富的食物，因为宝宝对钙的需求是一直存在的。

宝宝还没出牙，是不是缺钙呢

一般情况下，宝宝在6个月甚至更早的时候长出第一颗乳牙，到12个月的时候已经长出6~8颗乳牙。

当然，由于宝宝身体的差异，有的出牙早，有的出牙晚，一般早和晚的差别在半年左右，这些都属于正常的范围，在1岁以内萌出第一颗牙都属正常。妈妈不要一见宝宝该出牙时没长牙就以为是缺钙，就给宝宝吃鱼肝油和钙片，这是不可取的。宝宝的出牙快慢原因有多种：可能是遗传原因，也可能是妈妈怀孕时缺乏一些营养，也可能是宝宝缺钙。总之，宝宝出牙晚不一定都是缺钙引起的。

如果盲目补钙，可能会引起身体水肿、多汗、厌食、恶心、便秘、消化不良等症状，严重的还容易引起高钙尿症，同时补钙过量还可能限制大脑发育，并影响生长发育。血钙浓度过高，钙如果沉积在眼角膜周边将影响视力，沉积在心脏瓣膜上将影响心脏功能，沉积在血管壁上将加重血管硬化。

1岁左右的宝宝如果没出牙，只要没有其他毛病，注意合理、及时地添加泥糊状食品，多晒太阳，就能保证今后牙齿依次长出来。是否需要补钙治疗，要看宝宝是否缺钙，补钙也必须遵医嘱，切不可滥用鱼肝油、钙剂等药物盲目补钙。当然，为了防止宝宝缺钙，可适当地多吃些富钙食物，或给予一些钙保健品服用，但千万不可滥用。

妈咪 宝贝

如果宝宝1岁半才出牙或者还没出牙，要注意查找原因，如是否为佝偻病，是否伴有其他异常情况，应该到医院进行检查、治疗。

日常生活护理细节

如何为宝宝进行口腔清洁

宝宝10~12个月大时，乳牙已经萌发出好几颗了，乳牙的好坏可能影响日后恒牙的萌出和牙齿的整齐和美观。由于宝宝既不会漱口也不会刷牙，口腔容易滋生细菌，对乳牙生长不利。因此，父母应该经常给宝宝清洁口腔。

清洁乳牙工具

已洗净消毒的乳牙刷、4厘米 ×4厘米的纱布、张口器(橡皮水管、顶针、数片压舌板，压舌板如果太长，可折去一部分以纱布或医用胶布缠绕好)、装开水的奶瓶。

口腔清洁

清洁方法

让宝宝躺在床上，然后妈妈和宝宝面对面，或妈妈将双腿盘起，让宝宝头靠在自己的小腿上，或让宝宝躺在妈妈的大腿上，妈妈从侧面帮宝宝刷牙。

妈妈用一只手的食指稍微拉开宝宝的颊黏膜，如果怕被宝宝咬伤，可套上橡皮水管或顶针，或直接让宝宝咬住压舌板。

妈妈用另一只手拿乳牙刷，或用手指缠绕纱布，按顺序从宝宝下腭牙齿的外侧面开始清洁，然后是内侧面、咬合面，再刷上腭牙齿的外侧面、内侧面、咬合面，

总之要面面俱到。

刷牙方式以前后来回刷为宜，需特别留意刷牙齿和牙龈的交界处。

咬压舌板时，可先刷一边的上下腭牙齿，之后再换边。

刷前牙的外侧面时，可让宝宝牙齿咬起来，发"七"的声音，之后再让宝宝说"啊"，以方便刷牙齿的内侧面。

最后用温开水漱口，漱口时要将宝宝头部竖起来，漱完后直接吞下也没问题。

妈咪 宝贝

如果纱布弄脏了，应立即更换新的，以免造成细菌感染。在清洁的过程中，宝宝如果有任何不适感，都应停止动作。

宝宝是左撇子要不要纠正

多数左撇子智商相对较高

生活中我们看到，有的宝宝左手用得多，右手用得少，这叫左利手，俗称左撇子。

左撇子一般比较聪明。大脑皮层上的手部代表区非常大，因而手的活动对大脑功能的开发利用有着极为重要的作用。通常右利手的人大脑仅左半球的功能较发达，右半球的功能开发利用较少；而左撇子的右脑得到充分的开发利用，这就能极大地提高其整个大脑的工作效率，并且唯独左撇子们才有可能将大脑在左半球的抽象思维功能与右半球的形象思维功能合二为一。有研究发现，信息从大脑通过中枢神经系统传递到左侧比传递到右侧快。

由于以上的原因，使得相当比例的左撇子智商较高。

不要强行改变宝宝的用手习惯

日常生活中左撇子确实会遇到许多困难。但是，强迫左撇子改用右手是有一定害处的。比如会造成左脑负担过重，左右脑功能失调，右脑功能混乱，阻碍宝宝创造力的发展。强行纠正左撇子还可能造成宝宝口吃、语音不清、唱歌走调、阅读困难、智力发育迟滞，甚至神经质。因此，对习惯用手的宝宝，父母千万不可去强迫他们改用右手，最好的态度是顺其自然。

妈妈应当允许宝宝自由地使用左手。用左手做事已不会发生任何困难，现在左手用剪刀、机器等各种用具已应有尽有。

妈咪宝贝

妈妈要多刺激宝宝不常使用的那只手，左撇子的宝宝可以多让他用右手捡球。宝宝用左手吃饭，就尽量让宝宝学会用右手写字等，但不可强求。

怎样正确使用学步车

关于学步车，有很多妈妈会产生这样的疑问：学步车到底应不应该用？对于学步的宝宝来说，使用学步车有利有弊。妈妈可以根据自己宝宝的情况决定要不要给宝宝使用学步车。一般来说，只要正确使用学步车，对宝宝学步是有一定帮助的。但如果你的宝宝很勇敢，学走路相对来说不是特别难的话，就不需要学步车的辅助了，以免宝宝迷恋学步车，限制其他的活动。

使用学步车的注意事项

1 不能过早使用。宝宝没有学会爬之前不要使用，否则易造成身体平衡和全身肌肉协调差，出现感觉统合失调，还会增加X形和O形腿的发生率。

2 使用学步车时，妈妈要在旁边看护。学步的环境要安全，严禁在高低不平的路面、斜坡、楼梯口、浴室、厨房和靠近电器等危险场所使用。

3 移除有电的东西，如电熨斗、电风扇，并记得拔除电插头、电线，以免宝宝被绊倒、缠住而发生意外。

4 学步车要调成适当高度，不要让宝宝因踩不到地板而踮脚尖，使得腿容易变成往外岔开的腿形，或者养成踮脚尖走路的习惯。

5 不要让宝宝使用学步车太久，避免宝宝因此而脚变形，或是养成依赖学步车的习惯。建议一天之内可分成好几次给宝宝使用学步车，而每次乘坐学步车的时间约30分钟就够了。

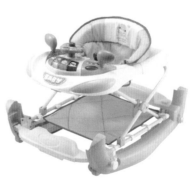

妈咪 宝贝

尽量购买正规厂家生产的学步车，按照说明书装配或使用，按宝宝的身高进行调节。

怎样教宝宝学走路

宝宝一般在10个月后，经过扶栏站立已能扶着床栏横步走了。这时怎样来教宝宝学走路呢?

初学时，可让宝宝在学步车里学习行走，当步子迈得比较稳时，妈妈可拉住宝宝的双手或单手让他学迈步，也可在宝宝的后方扶住腋下或用毛巾拉着，让他向前走。锻炼一个时期后，宝宝慢慢就能开始独立地尝试，妈妈可站在面前，鼓励他向前走。初次，他可能会步态蹒跚，向前倾着，跌跌撞撞扑向你的怀中，收不住脚，这是很正常的表现，因为重心还没有掌握好。这时妈妈要继续帮助他练习，让他大胆地走第2次、第3次。渐渐地熟能生巧，会越走越稳，越走越远，用不了多长时间，宝宝就能独立行走了。1岁多时宝宝已能走得比较稳了。

学走路的时间规定

最佳时间：宝宝饭后1小时、精神愉快的时候，是练习的好时机。

练习时间：每天2~3次，每次走5~6步即可，可逐渐增加练习次数、拉长距离。

练习地点：选择活动范围大，地面平，没有障碍物的地方学步。如冬季在室内学步，要特别注意避开煤炉、暖气片和室内锐利有棱角的东西，防止发生意外。

特别提示：不宜过早开始训练，每天练习的时间不宜过长，否则，宝宝的腿可能弯曲变形。

妈咪 宝贝

在宝宝学步时，妈妈应注意不能急于求成，更不能因怕摔就不练习了。要根据自己宝宝的具体情况灵活施教。

宝宝不会爬就想走有问题吗

根据近年的研究证实，爬行对宝宝身心发育有好处。婴幼儿时期会不会爬对宝宝今后的发育是很重要的，爬得越好，走得也越好，学说话也越快，认字和阅读能力也越强。

有些宝宝在应该爬的年龄因种种原因没有很好地爬过，如环境狭小限制了爬，天冷穿得太多爬行不便，妈妈怕地上冷、怕宝宝弄脏、怕出危险，还有很多妈妈只一味地想让宝宝早走而忽视爬行训练。一旦错过了爬的关键时期则很难弥补。

即使宝宝不会爬，也会走、会蹦蹦跳跳的，但没有很好地爬过的宝宝，在运动中经常显得动作不协调、笨手笨脚，很容易磕磕绊绊、走路摔跤。

另外，爬还可以促进宝宝大脑的发育，因为大脑的发育并不是孤立的，它需要接受并整合来自其他脑部（如小脑、脑干）的刺激而发育起来。爬是婴幼儿从俯卧到直立的一个关键动作，是全身的综合性动作，需要全身很多器官的参与。在爬的时候双眼观望，脖子挺起，双肘、双膝支撑，四肢交替运动，身躯扭动，这不仅需要自身器官的良好发育，更需要它们之间的协调运动，这些部位必须协调配合才能向前运动。因此，爬对大脑发育有很大的促进作用，并且可以治疗受伤后的大脑。

所以，父母应尽量让宝宝学会爬行，会爬的宝宝学走路也会更快、更灵活。

妈咪 宝贝

如果已经错过了爬行的最佳时期，宝宝已经开始学走路了，妈妈也最好让宝宝多在地上爬爬，多为宝宝创造爬行的条件和机会。

宝宝晕车怎么办

宝宝和大人一样，也会有晕车的现象，多表现为哭闹、烦躁不安、流汗、吐奶、面色苍白、害怕、紧紧拉住父母、呕吐等，下车后有好转。那么，可采取什么措施来预防宝宝晕车呢？具体方法是：

1　乘车前，不要让宝宝吃得太饱、太油腻，也不要让宝宝饥饿时乘车，可以给宝宝吃一些可提供葡萄糖的食物。

2　上车前可以给宝宝吃点咸菜，但不能太咸，吃一点点即可，否则会增加宝宝肾脏的负担。

3　上车前，可以在宝宝的肚脐处贴块生姜或伤湿止痛膏，以缓解晕车的症状。另外，尽量不要让宝宝在疲劳、情绪低落时坐车。

4　上车后，父母可尽量选择靠前颠簸小的位置，可以减轻宝宝晕车的症状。

5　打开车窗，让空气流通。

6　尽量让宝宝闭目休息。

7　分散宝宝的注意力，可以给他讲故事、笑话。

8　发现宝宝有晕车症状时，妈妈可以用力适当地按压宝宝的合谷穴（合谷穴在宝宝大拇指和食指中间的虎口处），用大拇指掐压内关穴也可以减轻宝宝的晕车症状（内关穴在腕关节掌侧，腕横纹正中

上2寸，即腕横纹上约两横指处，在两筋之间）。

9　随身携带湿巾，以在宝宝呕吐后擦拭；呕吐后让他喝些饮料，除去口中呕吐物的味道。

10　晕车厉害的宝宝，乘车前最好口服小剂量的晕车药。1岁以内的宝宝不能服晕车药。

妈咪 宝贝

要想预防婴幼儿晕车，平时可加强锻炼，妈妈可抱着宝宝慢慢地旋转、摇动脑袋，多荡秋千、跳绳、做广播体操，以加强前庭功能的锻炼，增强平衡能力。

早教启智与能力训练

适合本阶段宝宝的游戏有哪些

荡来荡去

爸爸妈妈面对面坐着，妈妈扶着宝宝的两腋，面向爸爸，并对宝宝说"快，到爸爸那里"，并松开手。爸爸在没等宝宝坐下的时候就赶紧接住。再让宝宝面向妈妈，反复地做这个动作。可以练习宝宝的平衡感，减少宝宝学习走路摔跤的机会。

打开看看

在纸袋里放进能发出声音的东西，摇一摇，然后让宝宝猜："有哗啦啦的声音响，是什么呢？"诱导宝宝把袋中的东西拿出来以后说："原来是铃铛啊！"然后再摇一次。让宝宝认识物品与行动之间的因果关系，这类思考游戏可开发智能。

摇摆舞

让宝宝坐在床上，放一段平时宝宝爱听的、节奏明快的音乐，用手扶着宝宝的两只胳膊，左右摇身摆动，多次重复后，逐渐让宝宝自己随着音乐左右摆动。可以训练大动作与平衡能力，培养节奏感。

学翻书

在宝宝情绪愉快时，坐在父母怀里，打开一本适合宝宝读的图书。先打开书中宝宝认识的一种小动物图画，引起宝宝的兴趣，再当着宝宝面合上，对宝宝说："小猫藏起来了，我们把小猫找出来吧！"给宝宝示范一页一页翻书，一旦翻到，立刻显出兴奋的样子："找到了！"然后再合上书，让宝宝模仿这个动作，打开书，找小猫。起初宝宝只能打开、合上，渐渐地会一次翻好几页，只要有兴趣就行。这个游戏可以培养宝宝对图书的兴趣，训练精细动作能力。

妈咪 宝贝

做游戏时，一定要调节好宝宝的情绪，让宝宝在愉快的气氛中玩耍，效果会更好。

教宝宝学说话应该避免哪些误区

误区一：总用叠词跟宝宝说话

这时候的宝宝可能会发出一些重叠的音，如"抱抱""饭饭""果果""拿拿"，再结合身体动作和表情来表达他的愿望。比如，他说"抱抱"时，就张开双臂伸向妈妈，表示要妈妈抱。但妈妈不要用同样的"宝宝语"跟宝宝说话。这样会延长宝宝学习语言的过渡期，使宝宝推迟能发展到说完整话的阶段。

要注意的是，虽然一再强调不要用"宝宝语"跟宝宝说话，但并不意味着就不让宝宝用此语言和妈妈说话，这是他世界里的语言，妈妈没有必要去纠正。对宝宝清晰和正确地说话，是妈妈提供给宝宝最好的帮助和方案。听多了，宝宝自然会改正。宝宝学说话是用来享受生活乐趣的，而不是一项乏味的工作。

误区二：重复宝宝的错误语音

这个时候宝宝刚刚学会一些简单的词语，并能基本上用语言表达自己的愿望和要求，但是还存在着发音不准的现象，如把"吃"说成"七"，把"狮子"说成"狮儿"，把"苹果"说成"苹朵"，等等。

这是大多数宝宝在说话初期都会出现的情况，妈妈不要着急，更不能学宝宝的发音，重复错误的语言，而应当给宝宝示范正确的发音，张开嘴巴让他看说话时舌尖放的位置，训练他发出正确的声音。

妈咪　宝贝

有些家庭中父母、爷爷奶奶、保姆各有各的方言，语言环境复杂，多种方言并存，这会使正处于模仿大人学习语言阶段的宝宝产生困惑，从而导致宝宝说话晚，或是发音不标准，口齿不清晰，要尽量避免。

让宝宝接触电视、电脑

10~12个月的宝宝有很强的好奇心，父母可以让宝宝接触一些现代媒体，如电视、广播、电脑等。让宝宝初步接触这些现代媒体，能够发展宝宝的感知能力，刺激宝宝的视听觉；培养宝宝的注意力，加强宝宝注意时间长短的培养；培养宝宝一定的专注力，使宝宝对图像、声音感兴趣。

妈妈可以把宝宝抱到电视或电脑前，对宝宝说："宝宝，今天妈妈让你看一个很好玩的东西。这是我们家的电视机（电脑）。"揭开电视机罩子，让宝宝看到整个的电视机（电脑）。妈妈说："我们来打开电视机（电脑），看看电视机（电脑）里都有些什么。"妈妈打开电视机（电脑）开关，出现丰富多彩的电视画面和悦耳的声音，会引起宝宝极大的兴趣。

宝宝看电视须注意

距离：妈妈把宝宝抱到距离电视约2米远的地方，以保护宝宝视力。

时间：每天在固定的时间内让宝宝看电视，让宝宝看上4~5分钟电视，最多不要超过10分钟。看的同时，妈妈可用简单的语言对宝宝解释电视画面内容。

节目：有选择性地让宝宝看一些电视节目，比如《七巧板》、《动画城》、《动物世界》等。宝宝也许对这些内容不理解，但是丰富的色彩、活泼的形象却极易吸引宝宝的注意。有的宝宝则很容易表现出极强的专注力。不要让宝宝看战斗、恐怖电视，以免影响宝宝的心理与情绪。

妈咪 宝贝

要控制宝宝接触电视、电脑的时间，以免宝宝长大后沉迷于电视、电脑。尤其是家人不能为了忙自己的工作，就把电视当成保姆，让宝宝想看多久就看多久。

如何进行手部精细动作训练

让宝宝尽情涂鸦

妈妈可以给宝宝一根粉笔，让宝宝在小黑板上，或地板上随意地画。也可给宝宝一张纸、各种不同颜色、不同类型的画笔，让宝宝随时将生活体验、感受与情绪通过画笔表现出来。

面对宝宝的涂鸦活动，不管他涂得如何，父母都不要过早地教给宝宝绘画的规则，想象力比绘画技巧重要得多。如果父母总是试图对宝宝的涂鸦活动给予指导，试图灌输给宝宝所谓的美感及对色彩与空间的认知，就会扼杀宝宝天生的直觉与创意。

训练宝宝的双手

1. 锻炼手的皮肤感觉：经常给宝宝手部皮肤以有力的刺激，如玩沙子、玩石子、玩豆豆等。这样，可以锻炼宝宝手的神经反射，促进大脑的发育。

2. 增强手指的柔韧性：如让宝宝经常伸、屈手指，扣扣子，练习写字、绘画，这些锻炼有利于提高宝宝大脑的活动效率。

3. 锻炼手指的灵活性：让宝宝的手指做一些比较精细的活动，如打算盘、做手指操等；要手脑并用，边做边思考，以增强大脑和手指间的信息传递，提高健脑效果。

4. 培养宝宝自己动手的习惯：为宝宝选择玩具时，要从培养宝宝自己动手习惯出发，积木、橡皮泥或能拆能拼的玩具有利于动手能力的培养。

5. 交替使用左、右手：交替使用和锻炼左、右手，可以更好地开发大脑两半球的智力。

妈咪 宝贝   这个时候的宝宝喜欢敲敲打打，妈妈可以不用给这个时期的宝宝买高档新玩具，只需找一些带把的勺子、玩具锤子、玩具小铁锅、纸盒之类的东西就足够了。

教宝宝与别人分享好东西

美国一些儿童教育专家作过一个实验：送苹果给幼儿园的小朋友吃，大部分宝宝都是拣大苹果、好苹果吃；一部分宝宝等人家拿了后，再去拿，只能吃小苹果；还有几个宝宝吃不到苹果(因苹果不是每人一只，不够分)，他们不吵不闹，并不在意没有吃到苹果。作为幼儿园的小宝宝，具有这种谦让品质已经是很了不起的了，这是父母教育得好。等这批小宝宝长大后，教育专家跟踪研究，他们惊奇地发现：没有吃到苹果的宝宝都成了政府官员，吃小苹果的宝宝基本上都是厂长、经理，抢苹果吃的宝宝一般都是平平淡淡，无所作为。

由此可见，从小培养宝宝的谦让精神多么重要！妈妈应从小培养宝宝慷慨待人的品格。

1 在日常生活中，父母应首先做到慷慨待人。如肯把东西借给邻居使用，能主动把好吃的食品拿出来让别人吃，乐意把自己心爱的物品转让给别人等。

2 利用电影、电视、童话、故事等文学作品中的慷慨形象教育宝宝、熏陶宝宝。

3 在日常生活中，为宝宝提供机会。如买回的糖果不要全部留给宝宝吃，要让宝宝亲自把糖果分给家庭成员；玩耍时，引导宝宝把心爱的积木、玩具等分一些给小伙伴玩。

4 在宝宝与小伙伴的交往过程中，父母还可以指导宝宝相互交换玩具进行玩耍，在反复交换玩具的过程中，宝宝就会逐渐明白礼尚往来的必要性与相互帮助的重要性。

5 鼓励宝宝帮助困难者，并不忘及时表扬宝宝。

妈咪 宝贝

要让宝宝一点一点地明白什么行为是好的，什么是不好的，从宝宝懂事时就开始教他，以后长大就养成了优良品质。

如何教宝宝认识身体部位

方法一：宝宝照镜子

　　妈妈抱着宝宝坐在大镜子前，点点宝宝的鼻子，再指指镜中的小鼻子说"这是宝宝的鼻子"，还可以把着宝宝的小手去摸宝宝的鼻子，再摸妈妈的鼻子。通过这样反复做游戏，宝宝就能认识自己的鼻子和别人的鼻子，听到"鼻子在哪里"的问话，就会去指自己的鼻子。这样依次再认识眼睛、耳朵、嘴巴、头发、小手、小脚等，慢慢地就能认识身体各部分。玩的时候可以编一个简短儿歌配合着念，又可做不同的动作，如眨一眨眼睛、拉一拉小耳朵、张一张小嘴巴、拍一拍小手等。

方法二：宝宝洗澡时

　　妈妈应经常在给宝宝洗澡时让宝宝认识更多的身体部位，如眉毛、睫毛、黑眼珠和白眼珠；知道自己有一个鼻子，下面有两个鼻孔，不可以自己用手指去抠鼻屎；耳朵里有耳壳和耳道，不可以把小东西塞进去，以免妨碍它们的工作。宝宝有两个脸蛋、一个下巴，下巴的下面有脖子，脖子的两边有肩膀，肩膀下面是腋窝等。妈妈洗到哪儿，就跟宝宝说到哪儿。但要注意，要及时添加热水，别让水太凉了。

方法三：叫宝宝起床时

　　早上，如果宝宝睡懒觉，妈妈可以将手伸进宝宝被子里，先摸摸小脚丫说："宝宝小脚丫醒了。"从下至上一直摸到宝宝的小脸蛋，这样做不仅能形象地让宝宝认识自己的身体部位，还能轻松地叫醒宝宝。

妈咪 宝贝

　　妈妈不仅要教宝宝认识身体部位，还要教会宝宝爱惜自己的身体，保护自己的身体，要有良好的安全意识。

第**6**章

1岁1个月~
1岁6个月的幼儿

宝宝身体发育

体重	尽管1岁后的宝宝体格发育速度有所减缓，但在1~2岁的一年中，体重仍呈稳步增长的趋势，一年平均增长2.5千克左右。 不过，随着宝宝运动能力的增强，每天消耗的能量比较多，也不像婴儿期那么肯吃饭，吃饭的时候总是不停地玩耍。所以，妈妈可能会发现宝宝满周岁时体重可能是10千克，一个月过去了，宝宝体重可能仍然是10千克，甚至过去两三个月，体重才增加几十克。这都是正常的，只要给宝宝提供了合理的饮食，宝宝就会健健康康成长，父母不需要担心
身高	1~2岁的宝宝，年平均身高增长标准为：女宝宝10厘米左右，男宝宝13厘米左右。满13个月的宝宝，身高与满12个月的宝宝相比，并没有显著的差异。当宝宝满13个月的时候，如果女宝宝身高低于70厘米，男宝宝身高低于71厘米，被视为身高过低。如果女宝宝身高高于79厘米，男宝宝身高高于81厘米，被视为身高过高。这只是一般规律，有的宝宝身高显著高于同龄宝宝，也有的宝宝身高显著低于同龄宝宝，但并不意味着宝宝身体有疾病，身高与遗传的关系非常密切

宝宝的生长发育

宝宝的能力发展

精细运动能力飞速发展

相对于婴儿而言，刚进入幼儿期的宝宝，明显的变化就是，大运动能力的发展进入缓慢而稳定的发展时期，而精细运动能力却会在未来几个月里飞速发展起来。比如在这个阶段，宝宝可能会自己拿遥控器开电视，自己拿勺子吃饭，自己学着穿鞋子等。

宝宝可以走路了

这个阶段是训练宝宝走路的关键时期，通过这几个月的强化训练，绝大多数宝宝都能比较顺畅地独立行走，并基本能接近成人的步伐。光着脚走路对促进幼儿脚掌、脚踝和腿部的肌肉发育很有帮助。所以，尽量让宝宝光着脚练习走路，但要避免宝宝着凉，如果是在室内的地板上让宝宝学走路，最好铺上泡沫垫子或薄棉垫。

交际能力加强

这个时期的宝宝开始喜欢与人交往了，随着语言能力的发展，宝宝还喜欢和周围的亲人对话，用极少的字表达丰富的意思。尽管宝宝掌握的字词有限，但由于宝宝交际欲望的加强，仍可以通过种种非

语言的手段、借用的方式，表达自己的想法和要求，这正说明宝宝的交际能力在一点一点地加强。

味觉与视觉发展

妈妈可能还记得，婴儿期的宝宝，如果用奶瓶给宝宝喂苦药，再用奶瓶喂奶水的时候，宝宝可能会拒绝喝奶，即使在乳头上沾些甜水，宝宝都不喝。这是因为，尽管味道变了，但视觉没改变，宝宝看到的仍然是奶瓶，宝宝记住了就是这个奶瓶曾经让他喝了难喝的苦药水，这就是视觉和味觉的内在联系。而1岁多的宝宝，对这种内在联系有了初步的判断能力，尽管同是奶瓶，但如果妈妈往里放的是奶，宝宝会喝，放的是药水，宝宝就会拒绝喝。这意味着宝宝已经能够简单区别不同的事物了。

妈咪 宝贝

妈妈要利用宝宝的这些能力，多给宝宝进行巩固加强，以使宝宝的能力不断进步。

宝宝的行为和心理特点

宝宝有了自己的主意

1岁后的宝宝开始逐渐有了独立的思想和意愿，并学会了反抗和耍性子。宝宝不想吃的东西，妈妈很难再按照自己的想法喂给宝宝；宝宝不喜欢的东西，会毫不犹豫地扔在地上；妈妈越不让动什么，宝宝越要去拿……妈妈将面临更多的育儿挑战，但只要把这些看成是宝宝成长阶段的一种进步，妈妈们就能欣然接受，并学着正确地处理宝宝的这些行为与心理变化特点。

语言理解关键时期

宝宝满1岁后，对语言的理解能力逐渐加强。父母千万要注意了，你的宝宝的语言理解能力在一天一天加强，到宝宝1岁半时，甚至都能跟父母很正常地沟通了，可不要什么话都当着宝宝面说，要做宝宝的好榜样。

非常喜欢模仿

说宝宝的能力是父母教的，不如说是耳濡目染模仿来的。此阶段的宝宝非常喜欢模仿大人的一举一动，吃饭、做事、表情等，宝宝都会一一模仿。所以，父母要满足宝宝的这种模仿心理，当父母起床穿衣时，可以让宝宝模仿把小手伸进袖子里，模仿如何扣扣子，如何穿

鞋子，甚至如何系鞋带；当父母做家务时，不妨带上宝宝，让宝宝模仿如何扫地，如何擦桌子等。

重复是宝宝兴趣所在

这个时候的宝宝特别喜欢重复同一件事情，比如将东西扔在地上，妈妈捡起来，他又会马上扔掉，如此反复的动作会让他更加兴奋。还有，宝宝喜欢听同一个故事，明明你已经讲过很多遍，他还会要求你再讲一遍。

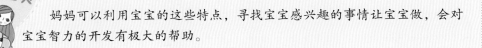

妈咪　宝贝

妈妈可以利用宝宝的这些特点，寻找宝宝感兴趣的事情让宝宝做，会对宝宝智力的开发有极大的帮助。

营养需求与喂养指导

宝宝的早餐如何做更营养

掌握给宝宝做早餐的原则，每天早上花个不到30分钟的时间就能给宝宝做出营养又美味的早餐，可以让爸爸妈妈做到效率、营养两不误。

一定要喝水

早晨一定要让宝宝喝一杯温开水或牛奶。

经过一夜的代谢，宝宝身体里水分散失得很快，而且有许多废物需要排出，喝水可以补充身体里的水分，促进新陈代谢。

牛奶中除了水分，还提供优质蛋白质、易于消化吸收的脂肪和丰富的乳糖，还可以提供丰富的钙，对宝宝生长发育非常有益。

事实上，不仅是宝宝早起后需要喝水，大人也是如此，爸爸妈妈不妨与宝宝共进早餐。

淀粉＋蛋白质＋脂肪 ＝能量＋营养＋抗饿

如果早餐只有面包、米饭、粥之类的淀粉类食物，宝宝当时吃饱了，但因为淀粉容易消化，宝宝很快又会感到饿，所以，早餐一定要有一些含蛋白质和脂肪的食物，可以让食物在胃中停留比较长的时间。

做到这一点并不难，可以再给宝宝喝一杯牛奶，再配一个鸡蛋和一些主食，比如给宝宝准备了粥，就配上煮鸡蛋或蒸鸡蛋、豆腐干、香肠；如果吃面，就配上荷包蛋或一块排骨。

别落下维生素

维生素对宝宝的成长至关重要，宝宝一天的开始当然不能落下维生素了，早餐给宝宝一个水果，或在汤面里加一点绿叶蔬菜都是获取维生素的好办法。

除了早餐以外，宝宝的每顿饭都需要注意补充点维生素，维持营养均衡。

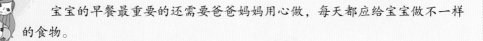

妈咪 宝贝

宝宝的早餐最重要的还需要爸爸妈妈用心做，每天都应给宝宝做不一样的食物。

制作宝宝食物如何搭配更营养

在给幼儿的饮食中应这样搭配食物：
1 采取几种不同颜色的食物搭配在一起烹调。如什锦煨饭，可用鲜豌豆(绿色)、胡萝卜(红色)、鸡蛋(黄色)、虾仁(白色)加调味品制成。

2 同一类食物也要采取不同的烹制方法调味及少量食品搭配，避免食物单一化，使宝宝厌食。例如，鸡蛋可以蒸蛋羹，加上少许肉末；煮水泡蛋中加碎西红柿；蛋花粥中加蚕豆泥；蒸蛋糕上加葡萄干等，均可引起宝宝的食欲。

3 搭配食物要注意营养素含量。要尽量选择营养素含量高的食物，如虾皮紫菜汤中除包括蛋白质、脂肪、碳水化合物外，钙、磷、铁、碘的含量也很多，还含有少量维生素。尤其虾皮与紫菜中钙、磷含量多，能促进骨骼、牙齿的生长发育；蛋黄中铁含量多，能预防缺铁性贫血。这种搭配的食物既经济又实惠，宝宝容易消化吸收。

4 搭配食物要注意蛋白质的互补作用：动物蛋白质与植物蛋白质搭配在一起的生理价值高。如排骨黄豆汤的两种蛋白质互补后提高了营养价值，而且这两种食物含钙量都高，对宝宝骨骼生长有利。

5 食物品种搭配多样化：可以将动物性食品和植物性食品搭配，粗粮、细粮搭配，咸、甜食品搭配，干、稀食品搭配。既能增进食欲，又能达到营养互补的作用。

6 适应季节和气候的食品：给宝宝制作食物时，要注意，夏季多吃清凉食品，冬季多吃保温食品。

妈咪　宝贝

虽然搭配食物能使食物营养更全面，但妈妈们也要注意食物的搭配禁忌，有些食物之间是相克的，不适宜搭配在一起吃，如水果不宜与海鲜同食。

如何对待边吃边玩的宝宝

养成良好的饮食习惯

1 饭前1小时内不要给宝宝吃零食，宝宝平时吃零食不能吃得太多，一天2次为宜，一般在两顿主餐的中间可以给宝宝吃一些。热量也不能过高，尽量选择适合宝宝生长发育的零食，如酸奶、纯牛奶、饼干、山楂片等。

2 让宝宝养成定时定点吃饭的饮食习惯，固定餐桌和餐位。

3 将宝宝的餐位放在最靠内侧的位置，让宝宝不方便进出。

做出符合宝宝口味的菜肴

1 重视食物品种的多样化，饭菜花样经常更新，以引起宝宝的食欲。

2 食物要软、易咀嚼、松脆，而不要干硬，应使宝宝吃起来方便。

3 色彩鲜艳的食品更受宝宝的青睐，食物的温度以不冷不热、微温为合适。

营造良好的进餐氛围

1 营造舒适的饮食环境，创造开心、轻松、愉快的进餐气氛来引起宝宝的食欲。

2 家庭成员都共同遵守餐桌规矩，如大家关注谁还没坐到餐桌边，让宝宝感受到不光是在用餐，还能愉快地享受用餐时光，围着餐桌边吃边交流情感。

3 饭前不要用强烈的言语来训斥宝宝，若宝宝吃饭吵闹，应以正确的方法疏导，如告诉宝宝："吃饱饭了，妈妈就带你去公园玩，好吗？"当然这样的承诺或奖励方式不能长期用来哄骗宝宝吃饭，否则宝宝会形成依赖，另外，给宝宝许下的承诺一定要去实现。

4 宝宝吃饱了，就不要再硬塞给他吃。

5 进餐时尽可能排除引发宝宝玩的因素，并尽可能将看电视与吃饭时间错开。这也需要妈妈能以身作则。

妈咪 宝贝

如果宝宝吃到一半就开始玩，也可能表示他不想吃了，由于吃饱了，所以就开始玩，此时不可强迫他再吃，吃得太饱容易消化不良。

怎样防止宝宝偏食挑食

给宝宝选择食物的权利

妈妈可以在吃饭前和宝宝一起布置餐桌，让宝宝选择自己喜欢的餐具和座位，提高宝宝对进餐的兴趣与期待。

进餐时要有轻松的交流，如果妈妈发现宝宝不喜欢某种食物，妈妈可以采用一些建议的口吻或说话技巧。如，"我们尝尝这个怎么样？""这个和那个拌着吃更好吃，妈妈和宝宝一人一半好不好？"

注意：是允许选择，绝不是迎合宝宝的挑食。有些妈妈常常事先征求宝宝的意见，问他想吃什么菜，这无疑是教他学会挑食。允许选择一般是在宝宝自己提出不愿吃的时候。

食物设计和烹饪讲究技巧

当宝宝不喜欢某种食物时，要分析烹调中是否有问题，如不要一连几天重复同一种食物，食物一定要有变化，可以将宝宝喜欢的食物和不喜欢的食物搭配起来，可以将食物做成可爱的卡通人，如将胡萝卜切小块后做成小人，再蒸、煎或煮熟。

用小故事启发宝宝

妈妈可以用小故事启发宝宝，例如，某某就是吃了什么，才长得高，成了冠军；某某动画明星，很喜欢吃鸡蛋才有本事；小兔子那么喜欢吃胡萝卜，所以才长得那么可爱的……以此来激发宝宝对食物的兴趣。

满足宝宝自己吃的欲望

如果宝宝想自己吃，要尽量满足他的愿望，给他一个属于他自己的小勺让他自己拿勺吃。其实，宝宝不会自己将饭放入口中，妈妈可以趁宝宝不注意的时候，喂宝宝一勺饭，而宝宝呢，仿佛是自己吃到的食物，会很高兴。

妈咪 宝贝

当宝宝吃饭感觉香甜、不挑食时，妈妈要有关心和高兴等积极反应，并给予表扬，以达到强化的目的。

宝宝怎样吃鱼更健康

鱼肉营养丰富，这是众所周知的，宝宝多吃鱼能变得聪明，这也是被广泛证明了的事实。但鱼的种类繁多，宝宝的肠胃又很脆弱，宝宝应该怎样吃鱼才更科学呢？

鱼类的选择

具体到淡水鱼好，还是海水鱼好，应该说各有利弊。海水鱼中的 DHA（俗称脑黄金）含量高，对提高记忆力和思考能力非常重要，但其油脂含量也较高，个别宝宝消化功能发育不全，容易引起腹泻等消化不良症状。淡水鱼油脂含量较少，精致蛋白质含量却较高，易于消化吸收。只不过淡水鱼通常刺较细小，难以剔除干净，容易卡着宝宝，一般情况下，1岁以上才适合吃。

带鱼、黄花鱼和三文鱼非常适合宝宝，鲈鱼、鳗鱼也不错。

鱼肉的烹调方式

鱼肉对宝宝虽好，但还是需要讲究烹调方式。妈妈最好采用蒸、煮、炖等方式，不宜采用油炸、烤、煎等方法。另外还可以将鱼做成鱼丸，这种吃法比较安全、清淡，而且味道鲜美，无论是哪种鱼都可以做。

具体方法：将鱼肉剁细，加蛋清、盐调成蓉。锅内添水烧开，将鱼蓉挤成丸子，

逐个下锅内煮熟，再加入少许精盐、葱花即可。

给宝宝做鱼时可添加蔬菜作为配菜，既增加口感又均衡营养。炖鱼时，不妨搭配冬瓜、香菇、萝卜、豆腐等。但要注意，口味不应过咸，更不要添加辛辣刺激性调料，鸡精和味精也要少放。

妈咪　宝贝

很多妈妈只给宝宝喝鱼汤不吃肉。其实鱼汤的营养都在鱼肉中，正确的吃法是既吃肉又喝汤。

日常生活护理细节

如何防止宝宝尿床

1~2岁的宝宝夜间尿床是正常生理现象，为减少夜间尿床的次数，使宝宝2~3岁以后不再尿床，可采用以下办法预防宝宝尿床：

避免过度疲劳

过度疲劳会导致宝宝夜间睡得太熟，夜间睡眠太熟的宝宝，白天一定要睡2~3个小时，睡前不宜过于兴奋，必须小便后再上床睡觉。

晚餐不要太咸，餐后要控制汤水

晚餐不要吃得太咸，否则宝宝会不断想喝水，水喝多了势必会造成夜尿多。晚餐要少喝汤，入睡前1个小时不要让宝宝喝水。上床前要让宝宝排尽大小便，以减少入睡后的尿量。

夜间把尿

夜间要根据宝宝的排便规律及时把尿，把尿时要叫醒宝宝，在其头脑清醒的状况下进行。随着宝宝年龄的增长，应培养宝宝夜间能自己叫妈妈把尿的能力，夜间小便的次数，也可逐渐减少或不尿。一般到1~2岁时，宝宝隔3个小时左右需排一次尿，每晚把尿2~3次即可。

训练宝宝控制排便

白天要训练宝宝有意控制排便的能力，如当宝宝要小便时，可酌情让其主动等几秒钟再小便等。教宝宝排便时自己拉下裤子，也可培养有意控制排便时间的能力。

妈咪　宝贝

夜间排尿时，一定要等宝宝清醒后再要求宝宝排尿，很多5~6岁甚至更大些的宝宝尿床，都是由于幼儿时夜间经常在朦胧状态下排尿而形成的习惯。

宝宝养成午睡习惯很重要

足够的睡眠能使宝宝精神活泼、食欲旺盛，促进正常的生长发育。宝宝活泼好动，容易兴奋也容易疲劳，所以宝宝年龄越小睡眠时间越长，次数也越多。到了1岁半以后，白天还需睡一次午觉。因宝宝活动了一个上午，已经非常疲劳，在午后舒舒服服地睡一觉，使脑细胞得到适当休息，可以精力充沛、积极愉快地进行下午的活动。午睡对于1~3岁的宝宝来说是必不可少的。

然而，父母常常因宝宝不愿意午睡而伤透脑筋。这就要找一找原因，并采取相应的措施。如果宝宝每天早上睡懒觉，到了午后还不觉疲劳，自然不肯午睡。父母

要注意调整宝宝的睡眠时间，早上按时起床，上午安排一定的活动量，宝宝有疲劳感就容易入睡了。

父母应在固定的时间安排宝宝午睡，节假日带宝宝上公园或到亲戚朋友家做客时，也不要取消午睡。当然，父母不可用不正确的方法强制宝宝午睡，会使宝宝产生反感，而应该是耐心地加以提醒："该午睡了，睡醒再玩。"

如果家里环境不够安静，也会影响宝宝的午睡，这就要求父母能为宝宝创设一个安静的、空气新鲜的睡眠环境，做到在宝宝午睡时不高声谈话或发出较大的响声，适当开窗，拉好窗帘。

宝宝上火怎么办

宝宝上火是很常见的，如嘴角溃烂、腹痛还有大便秘结，虽然不是大病，可是也会影响宝宝的生长发育。天气干燥、炎热，都会引起上火。妈妈要在日常生活中细心地呵护宝宝，以防宝宝上火，影响生长发育。

1 保证宝宝睡眠充足，幼儿睡眠时间稍长，一般为12个小时左右。人体在睡眠中，各方面机能可以得到充分的修复和调整。

2 培养宝宝良好的进食习惯，不挑食、不偏食。并注意多给宝宝吃一些绿色蔬菜，如卷心菜、青菜、芹菜。蔬菜中的大量纤维素可以促进肠蠕动，使大便顺畅。

3 平时多注意控制宝宝的零食，不给或少给宝宝吃易上火的食物，如油

炸、烧烤食物。少吃瓜子或花生、水果中的荔枝。尽量少喝甜度高的饮料，最好喝白开水。

4 让宝宝养成良好的排便习惯，每日定时排便1~2次。肠道是人体排出糟粕的通道，肠道通畅有利于体内毒素的排出。

5 秋冬季节天气干燥，易上火，应该注意及时补充水分，水要多喝，保证每天在8杯以上。

6 在炎热季节，可给宝宝喂些绿豆汁或绿豆稀饭，给较大宝宝适当吃些冷饮，如冰淇淋、雪糕等。此外，服些清热降火的中成药或煎药如夏桑菊冲剂、荷叶、紫苏、荸荠等，不仅可以清热降火，也可补脾养胃。

宝宝不喜欢理发怎么办

很多宝宝都不爱理发，会哭闹。这个年龄的宝宝不爱理发是很正常的现象。造成宝宝不愿意理发的原因有很多，如最开始理发师弄疼了，洗头时水弄进眼睛、鼻子或耳朵里了，头发楂掉在身上，扎皮肤等。这些在大人看来无所谓的小细节，却成为宝宝记忆中不太愉快的经历，让宝宝对理发望而生畏。那么，有什么好的方法可以让宝宝乖乖理发吗？

1 理发时，除了尽量避免以上情况出现外，还是要消除宝宝的恐惧心理。可以带宝宝和其他小朋友一起去理发，并跟宝宝说"宝宝和哥哥一起剪头发，看谁更乖一些"。也可以妈妈和宝宝坐在一起理发，告诉宝宝理发不可怕。看到宝宝不愿意理发时，千万不要强迫，这样更会加重宝宝对理发的恐惧心理，也不利于宝宝的心理健康。

2 妈妈可以自己买一套理发工具，让宝宝最喜欢、最亲近的人——妈妈给他理发，奶奶在旁边拿着玩具吸引他的注意力，一般很顺利就能把头发理好。关键是妈妈之前要学会比较好的理发手法，以免弄疼宝宝，适得其反。

3 经常带宝宝去一家固定的理发店，与理发师熟悉熟悉，消除陌生感。去理发之前要告诉宝宝理完发之后他会变得更

神气，理完之后还要说些"真帅，真好看"之类赞美的话。妈妈和家人还可以和他一起理，比比理完后谁更漂亮一些。宝宝渐渐就会把理发和愉快的感觉联系在一起，再也不会哭闹反抗了。

妈咪 宝贝

父母对不爱理发的宝宝要多启发，进行耐心教育，千万不可用强制手段，如用胳膊夹住宝宝，按住脑袋等给宝宝理发，这样做，只能增加其恐惧及厌烦心理。

如何训练宝宝自己吃饭

1. 如果宝宝总喜欢抢着拿勺子的话，妈妈可以准备两把勺子，一把给宝宝，另一把自己拿着，让他既可以练习用勺子，也不耽误把他喂饱。

2. 教宝宝用拇指和食指拿东西。

3. 给宝宝做一些能够用手拿着吃的东西或一些切成条和片的蔬菜，以便他能够感受到自己吃饭是怎么回事。如土豆、红薯、胡萝卜、豆角等，还可以准备香蕉、梨、苹果和西瓜（把子去掉）、熟米饭、软的烤面包、小块做熟了的嫩鸡片等。

4. 1岁左右的宝宝最不能容忍的就是妈妈一边将其双手紧束，一边一勺一勺地喂他。这对宝宝生活能力的培养和自尊心的建立有极大的危害，宝宝常常报以反抗或拒食。

5. 宝宝并不见得一定是想要自己吃饱饭，他的注意力是在"自己吃"这一过程，如果只是为训练他自己吃饭，不妨先喂饱了他，再由着他去满足学习和尝试的乐趣。

6. 千万不要给宝宝可能会呛着他的东西吃，最好也别让他接触到这些东西，如圆形和光滑的食物（整个葡萄）或硬的食物（坚果或米花）。

7. 1岁多的宝宝基本上可以吃成人吃的饭菜了。妈妈做饭时，在准备放盐和其他调料之前，应该把宝宝的那份饭菜留出来，然后一起上桌，一家人坐在一起吃饭。

妈咪 宝贝

当宝宝自己吃饭时，要及时给予表扬，即使他把饭吃得乱七八糟，还是应当鼓励他。如果妈妈确实烦宝宝把饭吃得满地都是，可以在宝宝坐着的椅子下铺几张报纸，这样一来，等他吃完饭后，只要收拾一下弄脏了的报纸就行了。

宝宝囟门还没闭合有问题吗

囟门就是宝宝颅骨间还没有完全骨化的部分，包括前囟门和后囟门两部分。不过我们通常说的囟门是指前囟门。前囟门是指两块额骨、顶骨间形成一个无骨的，只有脑膜、头皮及皮下组织的菱形空间，其外观平坦或稍微下陷，常可以看到它会随着宝宝脉搏的跳动而跳动。

正常情况下，宝宝头顶的囟门在12~18个月闭合，囟门的闭合是反映大脑发育情况的窗口。如果宝宝的囟门在6个月之前闭合，说明宝宝可能小头畸形或脑发育不全，在18个月后仍未闭合，可能是疾病所引起的，父母需重视。

如果宝宝到了18个月大时，囟门还是没有闭合，父母就应该请医生帮宝宝仔细检查一下，以便找出病因及时治疗。最常见的原因是维生素D缺乏引起的佝偻病（俗称软骨病）。建议这时，父母请儿科医生检查一下，看看有无其他佝偻病的迹象，如头部呈四方形、双肋串珠状突起、腿脚呈O形或X形、手腕或脚踝肿起等。佝偻病宝宝还常常伴有烦躁、易怒、睡不安稳、出汗多等表现，学坐、站立和走路等动作也会迟一些。

单纯佝偻病引起的囟门迟闭，在治好佝偻病后不影响智力。若囟门迟闭是由于脑积水引起的话，智力会明显低下。脑积水除囟门大外，还会有大头、颅缝分离、头皮静脉曲张、双眼珠下沉和智力低下等表现。另外，如有甲状腺功能低下、侏儒症等疾病，前囟门闭合也会延迟。

妈咪 宝贝

如果检查确诊为佝偻病，可用维生素D和钙剂治疗，平时应适当多晒太阳。

宝宝爱玩自己的生殖器，需要纠正吗

你可能会发现这个时期的宝宝非常喜欢玩弄自己的生殖器，主要是男宝宝，总喜欢玩自己的小鸡鸡。这边妈妈刚把他的小手拿开，那边他的小手就不自觉地伸了过去。

实际上，宝宝的这种行为并不是什么大事，根本不足为奇，只是幼儿期一时性的现象，到了一定的时候会自己改正过来。因此，父母对于宝宝玩生殖器的动作，只当没看见，不用大惊小怪，也不要呵斥宝宝，或强行纠正。

妈妈首先要平静对待宝宝的这种行为。这么小的宝宝还没有性的观念，玩自己的生殖器，仅仅因为他对这个器官感兴趣，就好比他玩自己的小手、小脚和肚脐眼一样。宝宝的这种行为并不值得父母担忧，只要平静地看待他的这种行为就可以了。

其次，妈妈要多关怀宝宝，看看宝宝有哪些感情和要求还没有得到满足，是不是户外活动少了，父母和宝宝接触时间少了，宝宝感觉寂寞无聊了，尽量去满足宝宝的心理、感情和生理上的需要，这样宝宝就不再注意自己的生殖器了。也可以用一些玩具和游戏来转移宝宝的注意力，如给宝宝一个好玩的玩具或者和他玩手指游戏，让他搭积木、玩球类游戏等都是不错的选择。

宝宝走路八字脚，如何纠正

八字脚是一种下肢的骨骼畸形，分为内八字脚（O形腿）和外八字脚（X形腿）两种。它会影响人的外观形象，且成年后难以矫正。所以要预防宝宝形成八字脚，父母一旦发现宝宝学步时呈八字脚，就要马上矫正。

造成八字脚的原因有几种，首先，比较常见的是婴儿过早地独自站立和学走，因为宝宝足部骨骼尚无法支撑身体的全部重量，从而导致宝宝站立时双足呈外撇或内对的不正确的姿势。

其次，如果宝宝学走路时，父母给宝宝穿着硬底的皮鞋，使得宝宝脚踝带动皮鞋困难，就会使步态扭曲，而形成八字脚。有些父母给宝宝买大号的鞋或者未能及时更换过小的鞋，也会让宝宝步态不当。

再者，宝宝如果严重缺钙，会造成骨质不够结实，在站立时需要负重，致使髋关节向外分开，形成外八字脚。

所以，要预防宝宝出现八字脚，首先不要让宝宝过早站立和过早学步，注意给宝宝穿软的布鞋，买新鞋时不宜过大，挤脚就要马上更换。应给学步期的宝宝提供丰富的蛋白质、钙和维生素D，加强户外活动，避免佝偻病。

发现宝宝出现八字脚应马上矫正，方法是让宝宝沿着一条宽7~8厘米的直线行走。父母用双手扶住宝宝双腋下，注意让宝宝的膝盖面向前方，一脚离开地面时另一脚持重点落在脚趾上，迈步时两膝有轻微碰擦。每天坚持练习两次，就能较快矫正。

早教启智与能力训练

如何加强宝宝的手部动作能力

搭积木

1岁左右的宝宝坐在小桌旁，把桌上其他东西都移开，给他2块一样大小的积木，让他把2块积木搭成2层塔。父母可以先示范，并说"搭宝塔了"，于是宝宝会模仿搭塔，虽然搭得不整齐，只要放稳不倒就算成功。2层塔搭成后，可以教宝宝数1和2，并加以赞赏，然后给3块积木叫宝宝搭3层塔，到宝宝1岁3~4个月时就能搭4层塔不倒了。1岁半时可以把8块小方块一块一块地堆积起来，搭成8层宝塔而不倒，还可以随意搭成各种简单形状，如两块积木加一块搭成桥形等。

玩水，玩沙

最喜欢玩水是宝宝的天性，且在玩水过程中能学到很多知识，父母不要阻止宝宝们玩水，而是要主动领着他们玩水。给他准备个小桶及小铲子、小杯、小碗等用具，教他在沙堆旁挖洞、筑堤；用小铲子往桶里堆沙，放水再倒出来；用小碗当模具制作一个个沙碗；用小手抓起沙子，再轻轻撒下，那感觉会令宝宝欣喜无比。

穿珠子

教宝宝穿珠子是手、眼、脑协调训练的好方法。先教宝宝穿珠子，然后妈妈可以和宝宝进行比赛，"比比谁穿得快！"先告诉宝宝："你的小手真能干，妈妈和你比赛吧！"并把他需要使用的道具递到他的手里，妈妈可以先给宝宝作一次示范。示范之后，等待宝宝，启发他按步骤顺利完成，然后鼓励宝宝再穿第二个、第三个，宝宝比妈妈穿得多了，就及时肯定成绩，给予表扬。

妈咪 宝贝

这个时候应该让宝宝多参与家务活动，比如擦桌子、收拾杂物等，能培养宝宝的生活自理能力和手眼协调能力。

宝宝还不会说话怎么办

宝宝到了1岁半还不会说话，或者在3岁半时说不出整句句子，一般属于语言发育迟缓。那么，是哪些因素造成幼儿语言发育迟缓呢？

第一类原因是听觉。听觉的问题大致有3种：失聪、环境太宁静及环境太嘈杂。失聪的宝宝可能完全听不到声音，这样就会影响了宝宝接收外界声音的能力，也妨碍了发展语言的能力。环境太宁静会减慢宝宝的语言能力发展，而且是十分常见的原因。父母往往忙于工作，抽不出时间跟宝宝沟通，宝宝身处这样的环境下，缺乏外来的启发，要学会说话自然较慢。环境太嘈杂对宝宝的语言能力发展同样没有好处。例如，家里的电视机声音十分大，宝宝根本听不清楚外界的声音，谈不上可以吸收外界的说话信息。

第二类原因是脑部问题。如果宝宝的智力发展迟缓，说话能力通常会受影响。

第三类原因则是来自发声器官。例如，宝宝出生时已经有舌头或咽喉肌肉动作不协调，这些缺陷会令宝宝较难发展语言能力。

要想让宝宝尽早学会说话，最重要的还是让宝宝接受适量的外界刺激，要让宝宝多听大人说话及外界声音，才可以刺激他们的语言能力发展。父母要与宝宝多说话、多沟通。如给宝宝洗澡时，父母可以说"现在给你洗澡了""给你擦身，别乱动"。让宝宝跟同龄的小朋友玩耍，也可以让他在同辈中学到说话的技巧。教宝宝唱歌也是一个不错的办法，同时更可以增进亲子关系。

妈咪 宝贝

也有的宝宝说话慢是因为遗传，假如父母幼年时都较迟才会说话，那么其子女有较大机会步父母的后尘。

如何教宝宝与他人交往

帮助宝宝寻找小朋友

1 如果宝宝已经交上了小朋友，妈妈要及时给予强化，比如对宝宝说："宝宝有了自己的朋友，以后和小朋友应该互相关心、互相帮助。"或者说："我很想见见你的朋友，你看可以吗？"

2 如果宝宝还没有朋友，则应积极帮宝宝寻找。比如让宝宝与家附近的小朋友一起玩，与同事或同学的宝宝一起玩，最好是同龄、近龄的。

3 利用双休日或其他节假日，与宝宝朋友的妈妈约好，带宝宝一起出去旅游、度假，创造宝宝之间的交往机会。这种方法很有效，妈妈带动宝宝交朋友。此外，亲戚的宝宝之间更容易交往，如果有这方面条件，应充分利用。

欢迎宝宝的小朋友到家里来

宝宝交朋友，妈妈要把宝宝的朋友当自己的朋友一样，采取热情欢迎的态度。当小朋友来家里时，妈妈应该说："我们家来朋友啦，欢迎欢迎。"而且要让宝宝认真接待一番。一旦宝宝们自己玩起来，学习起来，妈妈就可以退居"二线"，让宝宝们自己玩。

给宝宝交朋友以具体指导

宝宝毕竟是宝宝，与小朋友交往中难免出现各种各样的问题，应该细心观察，给予指导，千万不可用严厉的批语与责骂。如宝宝和小朋友抢一个玩具，妈妈可以说："小欣（小朋友的名字）是喜欢你（宝宝）的玩具呀，你是主人，应该让给小欣玩的，如果你什么都不让小欣玩，小欣下次就不会来了，你想这样吗？"

妈咪 宝贝

妈妈要经常与宝宝朋友的妈妈一起指导宝宝、带动宝宝。妈妈们来往之后，对宝宝是一种促进，许多具体问题就容易解决了。

音乐浴开发宝宝智力

让宝宝多听音乐，可以开发智力

人们知道婴幼儿必须进行三浴——日光浴、水浴和空气浴，这对宝宝的健康成长至关重要。但新的教育理念却提出四浴，即增加一个音乐浴。科学实践证明，音乐在早期教育中对婴幼儿智力的开发有着特殊的作用，是儿童大脑极好的精神营养品。

据专家介绍，音乐能调节大脑功能，提高宝宝们的思维能力和想象能力，常听音乐不仅能帮助宝宝增强和恢复记忆力，还可陶冶其美好心灵，培养高尚情操，给人以鼓舞和力量。经常进行音乐熏陶的婴幼儿会有以下特点：总是笑眯眯，不怕生人，提早说话，脸蛋秀丽可爱，眼神聪慧明亮，左右脑综合发展，长大以后 IQ(智商)高、EQ(情商)好、CQ(创造性)强。

日常生活进行音乐浴

对宝宝进行音乐训练，应贯穿在日常生活中，如唤醒宝宝，可以选用较为轻快、活泼的音乐，播放时音量从小慢慢放大，待宝宝醒来后，音乐可继续一段时间再停止播放。引导宝宝入睡，可选用徐缓的《摇篮曲》，音量要逐渐放小，待宝宝入睡后，再徐徐消失。

以上音乐的选用和编排，应当相对固定，以便让宝宝形成有规律的条件反射，倘若宝宝在无病痛啼哭时，不妨试着用音乐安慰他。

值得注意的是，对宝宝进行音乐浴时，一定不可用爵士乐、流行的摇滚乐，而应该选用欧美名曲及古典音乐，并且整个音量应小于成年人适宜的音量。

妈咪 宝贝

有条件的话，父母可以带宝宝去看一些音乐演出，看见演奏者、乐器、观众、灯光，这些会使宝宝激动不已。

教宝宝认识颜色、图形、交通工具

认识圆形、三角形

拿出圆形的实物或图片给宝宝看，告诉他这是圆形，然后从生活中找出圆形的东西，告诉宝宝小汽车的车轮子、洗澡的澡盆等都是圆形，以加深印象。在这基础上以同样的方法教宝宝认三角形、正方形。通过实物比较，可找出各自物体的形状。

认识红色、绿色、黄色

先将红色的物品放在一起，一个一个地指给宝宝看，红帽子、红毛衣、红旗、红气球等，反复告诉宝宝"这就是红色"。宝宝理解后，可以从不同颜色的物品中指出红色的物品。在这个基础上再辨认绿色、黄色。以后可让宝宝从一些物品中找出这3种颜色。

认识交通工具

父母可以带宝宝在街上观察小汽车、摩托车、平板三轮车、运货大卡车、双层大公共汽车、小公共汽车等各种交通工具。回家后再看图识别各种车辆、轮船、火车和飞机等。父母有时间可带宝宝乘坐公共汽车或小汽车去街上，使他进一步明白交通工具可以代替步行。这些训练可扩大认知范围，提高视觉分辨力。

如何训练宝宝的耐性

1 让宝宝独立解决问题：对于缺乏耐性的宝宝，父母往往爱一切包办，这样一来宝宝如果不喜欢时，父母便全权代劳，使宝宝失去求知欲，更失去了耐性。所以，父母要多给宝宝自己解决问题的机会，不管他做得怎么样，都要让他自己去做。

2 让宝宝坚持有规则的运动：有了健康的身体才会有健康的心理。给宝宝制订切实可行的运动目标，每天进行一定量的运动锻炼，宝宝会逐步具备自我调整的能力。

3 玩益智玩具：让宝宝玩一些具有开发智力功能的玩具，如搭积木。一个个小木块堆积在一起组成不同的形状，在这个过程中锻炼了宝宝的耐性。此外，剪纸同样也是一种培养宝宝耐性的好方法，沿着画好的线小心地裁剪，自然而然地锻炼了宝宝的耐性。

4 多玩团体游戏：与单独玩相比，多玩一些团体游戏可以使宝宝养成遵守规则的习惯，在游戏等待的过程中，锻炼了宝宝的耐性和团结协作精神。

5 引导宝宝确定目标：在宝宝力所能及的范围内为他们确定目标，并帮助他们最终实现。此时，最好要让宝宝反复说出自己的目标，因为通过这一方式，向宝宝暗示自己一定要坚守承诺，从而产生坚强的意志。

关注孩子的习惯与教养

宝宝爱扔东西怎么办

这个时期的宝宝特别喜欢扔东西，而且扔起来很认真，会一遍又一遍地越扔越起劲，尤其是如果大人捡起他扔掉的东西再还给他，他又会马上扔掉。宝宝这样的行为可能会让父母们有些头疼、心烦，但你们不知道，这对宝宝来说，可是一件非常有意义的事。

虽然乱扔东西是有些不好，但父母也不可一味地愤怒阻止，因为这是宝宝成长的一个必经阶段，是在他有了抓、握物体的能力以后的最初操纵事物的过程，他要从中探索事情的因果关系。他通过抛、扔不同质地的玩具，如绒毛狗、皮球、积木块等，能够逐渐地尝试着去区别各种不同物体的性质。也就是说，这是宝宝心智发展的必然结果，这样的动作能促进宝宝身心发展，父母当然不应该极力制止、限制，而是要允许。

不过，为了防止宝宝将东西扔坏或打伤人，妈妈要注意给宝宝挑选不怕摔的如毛绒的小熊、充气的小皮球等有弹性的玩具。同时，给宝宝一个空旷的地方让他扔个够。

如果在宝宝津津有味地扔个不停的时候，爸爸或妈妈在一旁不停地为他拾、捡玩具，他会认为是父母对他的鼓励，是与他共同进行娱乐活动，这一类亲子活动，可以很好地促进他与成人之间的友好交往。如果你不希望他继续玩下去，你就不必把宝宝扔在地上的玩具捡还给他，你只需对此采取不予关注的态度，或用一些更具吸引力、更有意义的游戏来转移他的注意力。

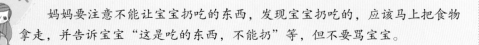

妈咪 宝贝

妈妈要注意不能让宝宝扔吃的东西，发现宝宝扔吃的，应该马上把食物拿走，并告诉宝宝"这是吃的东西，不能扔"等，但不要骂宝宝。

宝宝被桌子撞倒，如何鼓励宝宝爬起来

相信妈妈们都非常熟悉这样的场景：宝宝不小心被一把椅子碰倒，妈妈会很心疼地把宝宝从地上扶起来，一边安抚宝宝，一边拍打着椅子说："都是这个椅子不好，让宝宝摔倒了。"

显然，那把椅子是没有错的，当然妈妈似乎也是没有错的，只是在安慰宝宝的时候，用错了教育的方法而已。

宝宝会从被椅子碰倒的疼痛中吸取教训吗？应该是不会的，而且宝宝很可能还会在相同地方摔倒第二次。因为宝宝看到有错的是椅子，而不是他。更重要的是，这样的教育方法还很容易培养宝宝推脱责任，不能自我反省的惯性思维。当他慢慢长大，被人生路上的一些沟沟坎坎绊倒的时候，他也会养成找各种客观理由而不愿意自责自省的坏习惯。

当宝宝被椅子碰倒时，妈妈应该先鼓励宝宝从跌倒的地方爬起来，然后跟宝宝说："宝宝，你再重新走一遍！"

鼓励方法是：妈妈走到宝宝身边，不要弯下身子扶起宝宝，而是要大声说一句："没有关系的，宝宝，自己站起来！"

如果宝宝摔疼了，可能不会从地上站起来，甚至还会大声地哭起来。这时，妈妈不要将宝宝抱起来，而要相信每个宝宝都有足够的能力战胜这点小疼痛。要不断地鼓励宝宝，跟宝宝说："你是个勇敢的宝宝，妈妈相信你一定会站起来！"直到他自己站起来。

妈咪 宝贝

从宝宝能自己站起来时开始，无论哪次摔倒了，妈妈都应首先鼓励宝宝站起来，然后再表扬宝宝做得很好，以此培养宝宝的独立性。

宝宝爱抢别人玩具怎么办

1岁多的宝宝，正处于分不清楚"你的""我的"的童稚阶段。因此，看到喜欢的东西就会拿走，感兴趣的东西就据为己有，这些是很正常的。

作为父母，首先要接受宝宝的这种无意识的自私行为，要站在他的角度去理解他，他为什么要抢？因为妈妈没有教导他正确的索取方式，他也并不知道那个东西在商场可以买到，他更不知道到商场买需要钱，钱需要付出很多劳动才可以得到，如果这些他都知道的话，他是绝对不会抢的。理解之后，再心平气和地给予宝宝一些必要的指导。比如，当宝宝玩同伴的玩具时，你可以强调一下："这布娃娃是小哥哥的，你玩一下了要还给小哥哥哦，你也有布娃娃，可以借给哥哥玩。"这些话可以让他们尽快建立所有权的观念。宝宝分清你、我、他之后，独占习惯和行为就会慢慢改善。

如果宝宝抢他人玩具而没有成功时，他可能会大哭，这时，你只能表示同情，安静地注视他，让他哭吧。他哭着哭着常常会忘记自己为什么感到痛苦，你还得提醒他"这是××的，你确实得经他同意才能要"，慢慢地物权观念就建立起来了。当然他有权不让小朋友玩自己的玩具，你不要强求他，否则他对物权没有安全感，而延迟分享进程。

总之，当宝宝抢别人玩具时，你不要大惊小怪，不要强化，也不要纵容。你必须告诉他该怎样去得到，而不是批评他当时的行为，你越批评、越阻止他越要抢，一是他逆反，二是他不知道正确的方式是怎样的。

妈咪 宝贝

妈妈不可因为宝宝抢别人的玩具，就马上给宝宝买一个一模一样的，长此以往，会使宝宝产生虚荣心与好胜心，产生别人有的自己都要有的心理。

宝宝喜欢打人怎么办

宝宝喜欢打人是常见事了，因为在这个阶段，他的语言能力还没有跟上行为能力的发展，对于情绪，他只能用最直接的行动来表达。然而，有的宝宝却明显地偏爱这种"暴力"行为，对于这种情况，妈妈应该怎么做呢？

立即制止打人行为

很多宝宝一而再、再而三地打人，以致发展到屡禁不止，往往是因为刚开始的几次尝试没有得到立即有效的制止。宝宝如同一张白纸，无意间写上"暴力"两个字，如果没有及时擦掉，就会越描越深、越画越重，无心之过反而成为一种恶习。

进行冷处理

我们当然不会选择以暴制暴的下下策，那样只会树立一个坏榜样。有时，没有行动也是一种行动——冷处理的效果比简单的呵斥、打骂好。所谓冷处理，就是作为惩罚，在一段时间内全家人都不跟他说话，用肢体语言告诉他，刚才的表现让他不受大家欢迎了。

父母不恰当的处理态度

第一次发现宝宝出现打人行为时，如果父母处理不当，很有可能就会强化宝宝的这种行为。比如，当宝宝打人时，因为宝宝年龄小，大人往往觉得十分有趣，从而会大声哄笑，甚至认为这是宝宝智力发育的表现，而鼓励宝宝再来一个。殊不知，父母的这种反应就会给宝宝一种误导，会使宝宝觉得这种行为是好的，是值得常做的，无形中强化了宝宝的攻击行为。

妈咪 宝贝

宝宝之间发生了矛盾，妈妈不要一味地责怪自己的宝宝或别人的宝宝，最好让宝宝们自己解决，宝宝自己不能解决时再帮助解决，教会宝宝明白是非观念。

第 7 章

1岁7个月~2岁 的幼儿

宝宝身体发育

体重	1岁半至2岁宝宝的体格生长速度仍较第一年慢，满2岁时男孩儿的体重范围是10.4~13.25千克，女孩儿的体重范围是9.8~12.5千克。宝宝若明显的偏胖或者偏瘦，妈妈应该寻找原因，有必要的情况下可带宝宝看看医生，检查是否营养过剩或者营养不良
身高	宝宝身高的生长速度多是生后第一年最快，生后第二年就明显减慢了。在生后第二年中，身长增加约10厘米，男孩儿身高范围是81.6~91.4厘米，女孩的身高范围是80.1~90.1厘米

宝宝的生长发育

宝宝的能力发展

此阶段的宝宝，能自如地行走，而且走得比较平衡。下蹲容易，如果你在地上放一个玩具让他捡起来，他会很乐意地走过去蹲下来拿起来送给你。能有目的地投掷，会用脚踢球。多数已经能扶着栏杆上下台阶，或自己攀上小滑梯然后滑下来。有的已经会跑，但跑起来还不太稳，摇摇晃晃，容易摔倒。手的动作也更加灵活了，已能搭起4~8块积木，能握笔在纸上随意画。有的宝宝已经能模仿画直线，能用拇指和食指捏东西，会穿木珠等。

在语言方面，宝宝进入了积极的言语活动发展阶段，在理解语言的基础上，说话的积极性逐渐提高，掌握的词汇量也不断增加，掌握的词类也由过去的名词、动词扩展到形容词和副词等。在原来18个月前只会讲单字的基础上，开始会说词组、会讲自己的名字和说一些简单的句子。例如，18个月左右的宝宝肚子感到饥饿时，还只是说"饭饭"，21个月时则会说"吃饭"，而到2岁左右时，已经会很清楚地用多词句来表达："宝宝要吃饭。"

除了以上这些，让父母感到欣慰的还有，1岁半后的宝宝，生活自理能力确实有了较大的发展，他们多数能自己脱外衣，有的还能试着穿衣服。到2岁时，大多数宝宝都能自己较好地吃饭了，也会自己洗手了，还能用毛巾把手揩干；而且多数已经能在白天完全控制大小便，甚至能自己解开裤子坐便盆。

妈咪 宝贝

宝宝已开始能集中注意力看图片、看电视、玩玩具、念儿歌、听故事等，妈妈可借此机会，让宝宝多认识并记住一些日常事物。

宝宝的行为和心理特点

1岁半到2岁的宝宝，不管看到或听到什么，总是会问：这是什么？那是什么？从这个时候开始，宝宝的语言能力急速成长，几乎把所有精力都花在记事物的名称上。宝宝一旦知道所有的东西都有名称后，就开始胡乱提出问题，想要记住新的名字。这个时候，父母应有耐心，不要觉得宝宝啰唆，能回答宝宝的就尽量回答，要知道宝宝就是由这种问答的方式来记人名和事物的，这也是一种聪明的表现。

另外，宝宝到了2岁左右时，最主要的特征是有了逃避父母的保护的想法和自我意识强烈，正在尝试独立自主，喜欢自己做很多事情。比如抢着给爸爸倒水，要自己穿衣服、自己盛饭等。面对这种情况，父母应顺着他。其实一个可爱且有依赖性的宝宝试着自己独立做一些事情，试着反抗，这对大人而言也算是件可喜的事。

这时宝宝思想逐渐成熟，而且趋于复杂化，大人这时不可再一味地认为宝宝什么都不懂。宝宝也会有烦恼，会有开心和不开心的事情，妈妈要学会与宝宝沟通，与宝宝聊心事，努力察觉宝宝的心理变化与需求，让宝宝体会到被理解的幸福感。

妈咪　宝贝

这时应让宝宝更多地参与日常生活，在这些活动中，能促进一家人之间的亲密关系，让宝宝给家庭带来无尽的快乐，而且还能在活动中教宝宝数数、认识事物，教宝宝说话，培养他独立的能力，养成爱清洁、整齐的生活习惯。

营养需求与喂养指导

宝宝不好好吃饭，能强迫他吃吗

父母总想让宝宝多吃些，有的父母看到宝宝不肯吃饭，就十分着急，软硬兼施，强迫宝宝进食，其实这对宝宝的健康发育是非常不利的。

宝宝在不开心的心境下进食，即使把饭菜吃进肚子里，也不会把食物充分消化吸收，长期下去，宝宝的消化能力减弱，营养吸收有障碍，更加重拒食，影响宝宝正常的生长发育。而且，这个时候的宝宝表现出较明显的叛逆心理，如果妈妈硬是强逼着他进食，他反而越会反抗，也会越来越讨厌吃饭，把吃饭当成负担，这样不但达不到父母想要宝宝多吃饭的目的，还容易造成宝宝厌食。

所以，当宝宝不好好吃饭时，妈妈要采取一定的措施来解决这个问题，而不是每次都用强迫手段。要想让宝宝乖乖吃饭，妈妈需把握好宝宝进餐的心理特点。

1 模仿性强：宝宝喜欢模仿，如果和家人或同伴一起吃饭时，看到大家吃饭都津津有味，他也会想要尝试一下。

2 好奇心强：宝宝喜欢吃花样多变和色彩鲜明的食物，妈妈可以把菜做得可爱一点、卡通一点、色彩鲜明一点，以提起宝宝对食物的兴趣。

3 喜欢吃刀工规则的食物：宝宝一般对某些不常接触或形状奇特的食物如木耳、紫菜、海带等持怀疑态度，不愿轻易尝试。

4 喜欢用手拿食物吃：营养价值高但宝宝又不爱吃的食物，如猪肝等，可以让宝宝用手拿着吃。

5 不喜欢吃装得过满的饭：宝宝喜欢一次次自己去添饭，并自豪地说："我吃了两碗、三碗。"

6 喜欢听表扬的话：宝宝吃饭很乖时，要多多表扬。

妈咪 宝贝

让宝宝保持愉快的情绪进餐尤为重要，只有愉快地进餐，才有利于唾液和胃液的分泌，容易消化。

培养宝宝良好的饮食习惯

1 定时进餐：如果宝宝正玩得高兴，不宜立刻打断他，而应提前几分钟告诉他"快要吃饭了"；如果到时他仍迷恋手中的玩具，可让宝宝协助大人摆放碗筷，转移注意力，做到按时就餐。进餐时间不要太长，也不要过快。不要催促宝宝，培养宝宝细嚼慢咽的习惯。

2 饭前饭后洗手：要养成宝宝饭前饭后洗手的好习惯，妈妈可在开饭前一两分钟带宝宝去洗手间将手洗干净，吃完饭后给宝宝擦干净嘴，再洗个手，并告诉宝宝每次吃饭前都要记得洗手。

3 愉快进餐：饭前半小时要让宝宝保持安静而愉快的情绪，不能过度兴奋或疲劳。父母不要在吃饭时责骂宝宝。

4 专心进餐：吃饭时不说笑，不玩玩具，不看电视，保持环境安静。如果宝宝有边吃边玩的坏习惯，父母一定要及时帮宝宝纠正。

5 定量进餐：根据宝宝一日营养的需求安排饮食量。如果宝宝偶尔进食量较少，不要强迫进食，以免造成厌食。还要合理安排零食，饭前1个小时内不要吃零食，以免影响正餐。不要让宝宝过多进食冷饮和凉食。

6 独立吃饭：培养宝宝正确使用餐具和独立吃饭的能力。可在宝宝碗中装小半碗饭菜，要求宝宝一手扶碗，一手拿勺吃饭。

妈咪 宝贝

注意桌面清洁、餐具卫生，为宝宝准备一条干净的餐巾，让他随时擦嘴，保持进餐卫生。

宝宝不爱吃蔬菜怎么办

中国人多半重视肉类的烹饪，对蔬菜的烹调甚少下工夫，单调的样子和口味可能已经挫伤了宝宝吃蔬菜的积极性。试试在白米里加入甜玉米、甜豌豆、胡萝卜小粒、蘑菇小粒，再点上几滴香油，美丽的"五彩米饭"一定会使宝宝食趣大增。又如家里不再做纯肉菜，而是在炒肉的时候配些芹菜、青椒等，炖肉时配上土豆、胡萝卜、蘑菇、海带等，也会增加宝宝吃蔬菜的机会。另外，吃面条的时候不要只放炸酱，可配上黄瓜、豆芽、焯白菜丝、烫菠菜叶等。

妈妈还可把蔬菜"藏"起来。很多宝宝爱吃带馅儿食品，不喜欢吃胡萝卜的宝宝对混有胡萝卜馅儿的饺子可能并不拒绝。因此，妈妈可以经常在肉丸、饺子、包子、馅饼馅里添加少量宝宝平时不喜欢吃的蔬菜，久而久之，宝宝就会习惯并接受它们了。

妈妈平时要多讲一些关于食物的故事给宝宝听，小孩的共同特点是喜欢听故事，用讲故事的方式向宝宝介绍食物的特点，宝宝很容易接受，可以在心理上增加对食物的感情。例如，在给宝宝吃萝卜之前，先讲小白兔拔萝卜的故事，然后给宝宝看大萝卜的可爱形状，最后将它端上餐桌，

宝宝可能就会高高兴兴地品尝小白兔的食物了。

总之，只要父母洞悉宝宝的心理，找到问题的症结，准能让宝宝在不知不觉当中爱上蔬菜。

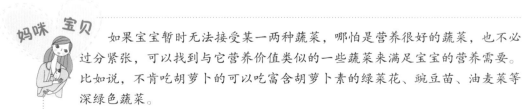

妈咪 宝贝

如果宝宝暂时无法接受某一两种蔬菜，哪怕是营养很好的蔬菜，也不必过分紧张，可以找到与它营养价值类似的一些蔬菜来满足宝宝的营养需要。比如说，不肯吃胡萝卜的可以吃富含胡萝卜素的绿菜花、豌豆苗、油麦菜等深绿色蔬菜。

宝宝喝酸奶要注意什么

酸奶含有多种营养成分，可以给宝宝适量饮用，在给宝宝饮用酸奶时，妈妈需要注意以下几点：

饮酸奶要在饭后2小时左右

空腹饮用酸奶的时候，乳酸菌容易被杀死，酸奶的保健作用减弱，饭后胃液被稀释，所以饭后2小时左右饮用酸奶为佳。

饮用后要及时漱口

随着乳酸饮料的发展，儿童龋齿率也在增加，所以喝完酸奶要马上漱口。

饮用时不要加热

酸奶一般只能冷饮，酸奶中的活性乳酸菌经过加热或者开水稀释后，便会大量死亡，不仅特有的口味消失，营养价值也大量损失。

不宜与某些药物同时服用

氯霉素、红霉素等抗生素，磺胺类药物和治疗腹泻的药物，可以杀死或者破坏酸奶中的乳酸菌，所以酸奶和药物不宜同时服用。

不宜给宝宝饮用过多

正常健康的宝宝每次饮用酸奶不宜过多，以150~200毫升为佳。

妈咪 宝贝

市场上有很多由牛奶、奶粉、糖、乳酸、柠檬酸、苹果酸、香料和防腐剂加工配置而成的乳酸奶不具备酸奶的保健作用，购买时要仔细识别。

你的宝宝是否需要补锌

有些父母一见自己的小孩偏食、厌食，就不假思索地给宝宝补锌。然而，专家说："真正缺锌的人很少，只要饮食均衡，都不需要额外补充。"

不挑食就不会缺锌

尽管锌是人体必需的一种微量元素，如果缺乏会导致婴幼儿厌食、生长缓慢、成年人身体抵抗力下降、皮肤伤口愈合慢等问题，但是锌作为一种微量元素，人体每天的需求量并不大。而且很多食物中都有锌，只要正常饮食，就不会出现缺锌问题。只有长期严重偏食、素食、营养不良的人才有可能缺锌。

要不要补锌，最好作个检查

专家提醒，社会上一些关于幼儿头发黄、有多动症倾向就是缺锌的说法，其实都很片面。要明确是否缺锌，最明智的做法是到医院作个化验，若血锌检测低于正常值，结合临床症状、膳食状况等进行综合分析后，才应考虑适当补锌。而且，缺锌不严重时，药补不如食补。我们日常吃的很多食物中都含有丰富的锌，从食物中补充锌元素是完全可以的。

预防宝宝缺锌

妈妈在日常饮食中多注意，一般可预防宝宝缺锌。像瘦肉、动物肝、蛋、奶及奶制品、莲子、花生米、芝麻、核桃、海带、虾类、海鱼、紫菜、栗子、瓜子、杏仁、红小豆等都富含锌。含锌最丰富的是贝壳类海产品，妈妈可给稍大点的宝宝炖一些海鲜汤，如扇贝、海螺、海蚌什么的。

妈咪 宝贝

补锌要适度。如果摄入过多也会造成中毒，出现恶心、呕吐、腹痛、腹泻等胃肠道症状，还会引起发烧、贫血、生长受阻、关节出血等。

日常生活照料

如何帮助宝宝做模仿操

1岁半以后的宝宝可做一些模仿操，模仿操比较容易掌握，不仅可训练宝宝的各种动作，还可以发展宝宝的想象力、思维能力和语言能力，下面介绍一套动物模仿操。

第一节学猫叫：两手心相对、五指并排、指尖向上，分别放在嘴两侧，同时向外拉开做摸胡须动作。

第二节小鸟飞：两手向下，两臂伸直，侧平举做小鸟翅膀，然后左右两臂分别做上下飞的动作，眼睛向前看，两脚慢步跑。

第三节大象走：身体向前弯曲，两臂向前下垂，两手相对握紧，头向下低，身体向左右摇摆，慢步向前走。

第四节小马跑：双手做拉马缰绳状，双脚做小跑步动作，跑时带动双手上下摇动。可跑5~7米。

第五节小熊爬：双手撑地，双膝跪地，向前看，四肢协调向前爬行。可叫宝宝爬3~5米。

第六节小兔跳：两手食指和中指伸直，其他三指捏紧，放在头前上端的左右两侧做兔的长耳，上身略向前倾斜，双脚并排同时离地，向前跳2~3下。

以上各节动作可反复做6~8次。

妈咪 宝贝

父母还可教宝宝做生活动作模仿操、交通工具操等。可以配合儿歌，也可以配音乐来做。

如何去掉宝宝手上的倒刺

倒刺在医学上称为逆剥。在正常情况下，指甲周围与皮肤是紧密相连的，没有一丝空隙，形成一道天然屏障，但有时我们会看到指端表面靠近指甲根部的皮肤会裂开，形成翘起的三角形肉刺,这就是倒刺。

宝宝的小手总是嫩嫩的，怎么会突然长出倒刺呢？可能有以下三个原因：

1 营养缺乏：如果宝宝日常饮食中缺少维生素C或其他微量元素，也可能会通过皮肤表现出来。

2 皮肤干燥：呵护不得当，导致宝宝手部皮肤干燥，指甲下面的皮肤得不到油脂的滋润，很容易长出倒刺。

3 贪玩好动：小家伙越来越活泼好动，经常用手抓玩具、啃咬指甲，或者小手与其他物体过多摩擦，使得他们娇嫩的皮肤长出倒刺。

倒刺实际上是一种浅表的皮肤损伤，并不是大问题。但宝宝会出于好奇或觉得难受碍事，用手去撕，这样反而会造成倒刺根部皮肤真皮层暴露，引起继发细菌感染，不仅会疼痛出血，严重时还可能导致甲沟炎。所以，妈妈发现宝宝长了倒刺应及时去除。

去除方法：先用温水浸泡有倒刺的手，等指甲及周围的皮肤变得柔软后，再用小剪刀将其剪掉，然后用含维生素 E 的营养

油按摩指甲四周及指关节。也可以在去除倒刺之后，把宝宝的手浸泡在加了果汁(如柠檬、苹果、西柚)的温水中浸泡10~15分钟，让宝宝的皮肤更加水嫩。

妈咪 宝贝

橄榄油有防止倒刺生成的功效，把宝宝的小手洗干净，将橄榄油涂在小手上，并进行按摩，既营养皮肤，又可以防止倒刺的生成。

宝宝口臭是因为消化不良吗

正常情况下宝宝是不会有口臭的，但也不能说宝宝口臭就是消化有问题。口腔是人体进食的第一通道，内有牙齿、牙床、扁桃体、唾液腺，上通鼻腔、呼吸道，两端通中耳，下通消化道。以上任何部位有了疾病都会引起口腔异味。如宝宝患有龋齿、牙龈发炎、口腔溃疡、扁桃体发炎等，或者口腔内有食物残渣等都可散发出异味；宝宝患有鼻炎、鼻窦炎、鼻异物、鼻衄、气管炎、肺炎、肺脓疡等也会引起口臭。比较常见的就是宝宝消化不良、胃火等引发的口臭。

学会诊断引起宝宝口臭的原因

不同的口腔异味反映出不同的疾病，父母可以据此初步判断宝宝得了什么病，然后送医院确诊。

1 烂苹果味提示酮症酸中毒。

2 臭鸡蛋味提示消化不良或肝脏疾病。

3 血腥味提示有鼻出血或上消化道出血。

4 酸臭味提示宝宝进食过量引起胃肠功能紊乱。

5 腐败性臭味提示有口腔内炎症或口腔不良的卫生习惯。

6 脓性口臭提示宝宝可能有鼻窦炎、鼻腔异物、化脓性扁桃体炎、支气管扩张。

护理与就诊建议

1 让宝宝多吃水果、蔬菜。晚餐饮食要清淡，少吃油腻食品，不要过食。

2 如果宝宝口腔有异味，首先要考虑是不是其他病变导致了宝宝口腔异味，如果宝宝同时伴有其他症状，最好及时就医检查。

3 如宝宝患有龋齿要及时治疗，少吃甜食，特别在睡前不要吃甜食或酸奶。

4 宝宝2岁左右，妈妈即可教宝宝刷牙，没学会刷牙之前，早晚及饭后也要漱口，并定期给宝宝清洁口腔。

妈咪 宝贝

有时候宝宝吃了过多的甜食，口腔也会有异味，像这种情况，宝宝只是偶尔有口腔异味，妈妈不用担心，属正常现象。

宝宝经常放屁是哪里出问题了

宝宝放屁是将体内气体排出的正常现象，说明宝宝的消化系统很健康，所以不用担心。一般宝宝屁多，多是吃了较多淀粉含量较高的食物，如山芋、土豆、蚕豆、豌豆等。这时应让宝宝少食用一些淀粉含量高的食物，适当增加蛋白质、脂肪类食物的摄入量。另外，如果宝宝喜欢用吸管吸果汁或汤水，可能会吸入过多气体，那么屁也会较多。当然如果习惯了吸管的话，屁也是会减少的。

除此之外，宝宝放屁还有以下几种类型，父母可以了解一下，以便宝宝出现相同情况时，能知其缘由和应对方法：

1 如果宝宝断断续续不停地放屁，但无臭味，还常听到阵阵肠鸣音，就是宝宝在提醒妈妈该吃饭了，宝宝肚子饿了。

2 如果宝宝屁伴随着酸臭味，则可能是消化不良，妈妈应及时调整宝宝饮食，减少食量，尤其是应减少脂肪和高蛋白的摄入。并可在医生指导下服些助消化的药物，如食母生、整肠生等。

3 如果宝宝多屁多便便，可能是由于宝宝的饮食中淀粉含量偏高，妈妈要在宝宝的饮食中适当增加一些蛋白质、脂肪类的食物。

4 如果宝宝经常哭闹、精神不振、肚子胀、始终不放屁，也没有便便或伴有反复呕吐，就需要及时带宝宝去看医生了，因为这可能是宝宝肠套叠、肠梗阻的信号。

妈咪 宝贝

每天坚持给宝宝做腹部按摩，从肚脐开始，顺时针方向螺旋方式按摩，可以促进肠蠕动，帮助宝宝消化。

如何教宝宝正确地擤鼻涕

感冒是宝宝最常见的疾病之一。宝宝受凉后容易感冒，感冒时鼻黏膜发炎，鼻涕增多，并含有大量病菌，造成鼻子堵塞，呼吸不畅。这个年龄的宝宝生活自理能力还很差，对流出的鼻涕不知如何处理。有的宝宝就用衣服袖子一抹，弄得到处都是；有的宝宝鼻涕多了不擤，而是使劲一吸，咽到肚子里。这是很不卫生的，影响身体健康，同时也会将病菌通过污染的空气、玩具传染给别人。因此教会宝宝正确的擤鼻涕方法是很有必要的。

在日常生活中，最常见的一种错误擤鼻涕方法就是捏住两个鼻孔用力擤，因为感冒容易鼻塞，宝宝希望通过擤鼻涕让鼻子通气。这样做不卫生，容易把带有细菌的鼻涕通过咽鼓管（鼻耳之间的通道）弄到中耳腔内，引起中耳炎，使宝宝听力减退，严重时由中耳炎引起脑脓肿而危及生命。因此父母一定要纠正宝宝这种不正确的擤鼻涕方法。

正确的擤鼻涕方法是要教宝宝用手绢或卫生纸放在宝宝的鼻翼上，先用一指压住一侧鼻翼，使该侧的鼻腔阻塞，让宝宝闭上嘴，用力把鼻涕擤出，后用拇、食指从鼻孔下方的两边向中间对齐，把鼻涕擦净，两侧鼻孔交替进行。

教宝宝做几次后，就可以让宝宝自己拿手帕或卫生纸，在妈妈的帮助下尝试着自己擤，经过多次反复的训练，宝宝不仅可以学会擤鼻涕，还能擦掉擤出的鼻涕。

妈咪 宝贝

用卫生纸擤鼻涕时，要多用几层纸，以免宝宝没经验，把纸弄破，搞得满手都是鼻涕，再在身上乱擦，很不卫生。

早教启智与能力训练

如何训练宝宝坐便盆

待宝宝有控制大小便能力时，妈妈就要训练宝宝坐便盆了，正确的训练方法是：

首先，在开始的一周里，妈妈要让宝宝觉得便盆是一件新奇的玩具。妈妈要用亲和的语言向宝宝介绍便盆，就像介绍一位新朋友、新玩具一样。让宝宝用眼睛观察、用手触摸和熟悉便盆，鼓励宝宝每天在便盆上坐一会儿，可以是早餐后、洗澡前或任何他很可能会大便的时间，这能让他习惯便盆，把它当做自己日常生活的一部分。如果宝宝不坐，妈妈可以向他解释这是妈妈、爸爸(或其他哥哥、姐姐）每天要做的事。宝宝喜欢模仿，妈妈可以作示范让宝宝模仿如何在便盆上如厕。

其次，训练宝宝坐便盆时父母一定要有耐心，若宝宝哭闹表示拒绝也不要勉强，如果宝宝坐便盆后大小便顺利要给予表扬。

另外要注意，给宝宝使用的便盆不能过凉，否则易抑制宝宝的排便意念。在给宝宝选择便盆的时候，便盆的颜色、图案等的选择原则就是看宝宝是否喜欢，只有宝宝感兴趣的便盆他才会乐意坐在上面。不要让宝宝养成坐便盆时边吃边玩的坏习惯。便盆要保持清洁，放在固定、明显的地方。

妈咪 宝贝

在最初训练宝宝坐便盆时，大人要在一旁看着，以免宝宝摔倒，或觉得好玩，将手伸进便盆里。

怎样教宝宝数数

宝宝快2岁时，会自己背诵、数数，有的宝宝可以数到40，跳蹦蹦床数数是宝宝们最喜欢的游戏，自己一面跳一面数。但是点着数手指，或者点着数积木就只能数到5~10。如果让宝宝给大人拿东西，最多只能拿到3个，拿到4个就数不过来了。这就是1~2岁的宝宝对数的认识，如果父母有意引导，可使宝宝在游戏时无意中学会数数。

1 口头按顺序数数：先教1、2，如走路时数数1、2，1、2左右踏步走。然后增加数3，在玩游戏或赛跑时听口令：1、2、3，开始跑。然后再增加到4、5等。学会数1~5后，再教数6~10。

2 口手一致地点数：将口头说出的数与食指点实物的数相结合，一个接一个依顺序从左向右按物点数。2岁左右的宝宝一般要求能完成1~5以内的按物点数，3岁宝宝要求能完成1~10以内的按物点数。

3 念儿歌学数数：儿歌《十个手指头》："一二三，爬上山。四五六，翻跟斗。七八九，拍皮球。伸开手，十个手指头。"伸出十个手指，边念儿歌边点手指头。宝宝念第一句时，伸出3个手指；念第二句时，伸出6个手指；念第三句时，伸出9个手指；最后一句双手推开，就有10个手指。这样宝宝就会模糊地懂得3、6、9、10。自己做动作能加深印象，有利于学习背数。

4 拍手数数：父母和宝宝一起拍一次手数1，再拍一次数2，依此类推，按顺序数到5为止。多次重复边拍边数，直到完全掌握1~5五个数后，再教6~10五个数，最后从1~10边拍边数。

妈咪　宝贝

父母不要总有事没事要宝宝数数，最好在无形中让宝宝对数数感兴趣，这样宝宝自然会进步。

为宝宝唱儿歌需要注意什么

儿歌是宝宝非常喜欢的一种文学体裁，它短小精悍、朗朗上口、易读易记，因此，借助儿歌让宝宝自由表达、表现，从而发展语言表达能力是非常可行的。但是父母给宝宝唱儿歌要注意技巧。

情景互动，边唱边做动作

不要只是呆板地给宝宝唱儿歌，还应该加入真实的情景，让宝宝成为情景的主人、融入情景中，在自己熟悉的、充满兴趣的情景中，扮演自己喜欢的角色，边唱边做动作，从而加强宝宝对儿歌的理解和兴趣。

如儿歌《小兔子乖乖》，爸爸可以扮演大灰狼，宝宝扮演小兔子，爸爸敲两下门，然后唱："小兔子乖乖，把门儿开开，快点儿开开，我要进来！"宝宝唱："不开不开我不开，妈妈不回来，谁来也不开。"然后妈妈扮演兔妈妈，也敲两下门，然后唱："小兔子乖乖，把门儿开开，快点儿开开，我要进来。"宝宝唱："就开就开我就开，妈妈回来了，我就把门开。"然后把门打开。

多重复，加深宝宝记忆

这个时期的宝宝喜欢重复一首儿歌，不会觉得厌烦，妈妈可以经常跟宝宝唱一首儿歌，以加深宝宝记忆。等宝宝熟悉了，可学习第二首。

宝宝喜欢听妈妈的声音

或许你会觉得CD里的儿歌唱得更好，更动听，但对于宝宝来说，他最喜欢的还是妈妈的声音，所以妈妈要学会一些儿歌，唱给宝宝听，而不是把这种加强亲子关系的好机会给磁带或CD。

妈咪 宝贝

妈妈给宝宝唱儿歌时，要一边唱一边做动作，语速要慢，要有意识地引导宝宝模仿，这样有助于宝宝理解。

怎样对宝宝进行金钱教育

传统观念中，父母大多不想与宝宝分享钱的快乐，其实大可不必。让宝宝早点接触到钱，未必不是好事。关键是要让宝宝对钱有个正确的态度，让他明白父母亲赚钱的不易。

认识金钱

首先，父母可以教宝宝认识钱。把各种大小不同、面值不等的钱币摆在宝宝面前，逐一地告诉他，这是多少钱，那是多少钱，上面的图案是什么，是什么时候制造出来的，有什么特别的原因或故事。讲解完后，可以挑几种钱币，看看宝宝是否记得它们各自的价值。

父母可以讲诸如《金钱岛》、《所罗门的宝藏》、《阿里巴巴和四十大盗》等故事，激发宝宝对金钱的兴趣。

一问一答

1 "我们家很有钱吗？（我们家很穷吗？）"无论实际上你有多富或相对较穷，只要告诉宝宝"中等"就可以了，并可以稍加解释："我们有足够的钱买食物、衣服和许多我们需要的东西。"

2 "钱从哪里来？"要明确地告诉宝宝，钱是通过劳动付出取得的报酬，不付出是不会有收获的。以此消除宝宝以为钱是"机器(ATM)里生出来的"等错误概念。

学会存钱

有很多父母不清楚到底应不应该给宝宝零用钱，答案是：可以给。但不要把零用钱和对宝宝的爱直接关联，而是要教会宝宝将家人给的零用钱存起来。这些零用钱应是在宝宝成功地完成了某件事情时的奖励。家人可以给宝宝买一个储蓄罐，让他把每次的"奖励"存起来。

妈咪 宝贝

父母需要了解幼儿的心理发展特点，耐心读懂宝宝的想法，对于用钱奖励宝宝的父母来说，并不是想和宝宝作交易，而只是以此作为激励宝宝更努力地学习的一种方式。

宝宝犯错需不需要一一纠正

宝宝行为教养的错误，父母当然需要一一给予纠正，并且要及早纠正，但若是在玩游戏时，宝宝"犯错"了，妈妈也总是一一纠正的话，就容易产生反面效果，甚至会阻挡他前进的步伐。

比如，如果你的宝宝正在搭积木，每次搭到3块，他的"大高楼"就会轰然倒塌。你发现宝宝搭积木的方式不对，他总是不按积木的大小排列，随便抓起一块就往上摞，大块的积木往小块积木上面一搁，他的"大高楼"就倒塌了。这时，你可能看着着急，立马出手："你看，你不能那样搭，要这样搭，这样很快就可以搭好了。"于是，你一边说，一边麻利地帮他搭起了一座"大高楼"。

然而，宝宝却并不接受，反而将搭好的"大高楼"扫倒，并大声哭叫起来："不搭了！不搭了！"这时，你可能会感到一头雾水。

其实宝宝的这种行为并不难理解，宝宝做任何对他来说有难度的事情的时候，都可能出现"错误"的方式，也可能会向大人寻求帮助，但大人在给他纠错或提供帮助时，一定要注意方式，否则善意的行为会带来负面的影响。就像上面这种情况，宝宝搭了好几次都倒塌了，妈妈跑去三下五除二就搭好了，宝宝自然会觉得不舒服(这个时候的宝宝已经有比较意识了)，首先宝宝会觉得自己被否定了，有一种挫败感，再者，妈妈这样做是剥夺了宝宝自我探求的权利。

所以，当宝宝在日常生活中或玩游戏的过程中有一些方式性的错误，妈妈可以尝试下面两种方法：

1 在宝宝旁边跟宝宝做一样的事情，不指出宝宝的错误。比如搭积木，妈妈看到宝宝搭错了，妈妈可以在一旁自己搭个正确的，慢慢搭，还要在口里说，"这个大的放下面，这个小的放上面"，宝宝自会无形中模仿并学会正确的方法。

2 妈妈可以指出宝宝的错误所在，但最好让宝宝自己尝试着改正，而不是一切包办。

妈咪 宝贝

宝宝刚开始"犯错"时父母不要急于纠正，可以让宝宝自己先去探索，并找出正确的方法。

让宝宝玩水、沙土好吗

沙、水、泥是每个小朋友都很喜欢的游戏材料，相对于过去提及的秋千和滑梯，沙、水、泥这种"另类"的游戏材料可能更受小朋友的欢迎。还有玩水彩颜色的游戏也可算是一种相当好玩的游戏，例如，双手沾满水彩颜色，自由地在纸上印来印去。可是，这类游戏的共同点就是脏兮兮的。因此，不少父母不太愿意宝宝玩这类游戏。其实脏兮兮的游戏大多属触感的游戏，通过双手的接触，去感受不同物料的质地。例如，水彩颜色是滑溜溜的、又冷冰冰，而沙泥则非常粗糙。现在很多父母怕脏，以致小朋友也渐渐怕了这些有趣而具启发性的触感游戏。其实，只要在宝宝每次玩完之后，帮他把双手洗净，父母无须制止，这种脏兮兮的游戏也会有好效果。

玩水

在面盆中盛水，用一只塑料杯盛满水，将水倒入一只塑料杯，倒来倒去。在澡盆中放入橡塑玩具，宝宝坐在澡盆中，将有孔的玩具吸入水、喷出来，也可用海绵给娃娃或动物玩具洗澡。水可用清水、有颜色的水、温水。

玩沙

玩沙是促进皮肤触觉综合能力发展的一种方法。训练宝宝用小铲将沙土装进小桶内，用小碗或盘盛满沙土倒扣过来做成馒头或大饼，将小手穿入沙土堆，打成山洞。还可让宝宝赤脚在沙土中来回走，观看自己的脚印等。

玩土

训练宝宝拿泥土或黏土在手中随心所欲地捏弄，可以弄成圆的或不同的形状。

妈咪 宝贝

一般小区里会有专门提供给宝宝玩耍的沙土，妈妈可放心让宝宝玩。另外，有时间的话可以带宝宝去沙滩走走，对培养宝宝的触觉、拓展宝宝的视野非常有帮助。

关注孩子的习惯与教养

怎样教导宝宝学会懂礼貌

语言礼貌

1 学会打招呼：妈妈下班回到家，要教会宝宝说"妈妈回来了"，妈妈出门时要教宝宝说"妈妈再见"。宝宝出门也要说"我出去了，妈妈再见"。教会宝宝第一次后，督促宝宝做第二次、第三次，久而久之，宝宝的好习惯就养成了。

2 学会礼貌用语：宝宝学说话时，妈妈就可以教宝宝一些"你好""谢谢"等礼貌用语，并在平时的日常生活中，教会宝宝用礼貌的语言来表达对别人的喜爱和尊敬。妈妈要让宝宝明白，大人愿意在他有礼貌的时候答应他的要求。

3 多向别人打招呼：打招呼的宝宝讨人喜欢，比如带宝宝去室外活动，看到叔叔阿姨、爸爸妈妈或是其他小朋友，要主动问好。

4 公共场合要守秩序，说话文明：乘公共汽车时，如果有人起来让座，要教宝宝向让座人说谢谢。如果下车时，让座者仍然站着，要打招呼请他回来坐。

5 不说脏话，做事要文雅：做一个懂礼貌的好宝宝，首要就是说文明话，做文明事。妈妈不仅要制止宝宝说脏话的行为，还要言传身教给宝宝树立好的榜样，

大人不要在宝宝面前随意说脏话，或做一些不文雅的事情。

行为礼貌

学会倾听：妈妈要训练宝宝说话时不要大声喧哗、说话要清楚，与大人讲话时要看着对方的眼睛，注意倾听。当大人正在谈话时，宝宝不要随便插嘴。坐的姿势要端正，站立的时候不能东倒西歪。

学会用餐礼仪：餐桌上最能看出宝宝有没有礼貌了。妈妈教宝宝饭前要洗手，不要随便乱跑，听从大人的安排，与大人坐在一起。教育宝宝在餐桌上不可挑食，也不能将东西随便乱吐，更不能在吃饭时随便说话或者乱搅饭。

对待老人有礼貌：家有老人的话，爸爸妈妈首先要尊敬老人，有了大人的示范和榜样，宝宝才会真正做到有礼貌。

教会宝宝要微笑：微笑是通用的国际语言，微笑是友好的表示，尤其是来自宝宝童真的微笑。微笑也是宝宝礼貌待人的一种方式。当宝宝第一次会向人微笑的时候，大人在表扬的基础上还要鼓励，让宝宝知道微笑是向人表示友好的方式。

妈咪 宝贝

父母是宝宝的第一任老师。父母对别人的态度和所作所为，会影响到宝宝以后对别人的态度和行为举止。所以在日常生活中，父母要为宝宝在为人处世、礼貌待人方面做一个好榜样。

如何培养宝宝的爱心

爱心的形成是在婴幼儿时期，因此培养宝宝的爱心，要从宝宝很小的时候抓起。在婴儿时期，父母要经常爱抚宝宝，对宝宝微笑，让宝宝感受到妈妈对他的爱，这是宝宝萌生爱心的起点。随着宝宝一天天长大，父母在施与宝宝爱的同时，也要教会宝宝对别人施与爱心。

家人要多为宝宝提供奉献爱心的机会，如家人坐在一起时，要宝宝将食物分给小弟弟小妹妹；在路上看到跌倒的小朋友，要宝宝去鼓励和帮助小朋友站起来；在公交车上看见老奶奶时，要教宝宝起来让座等。妈妈们千万不可一味地疼爱宝宝，却忽略了给宝宝提供奉献爱心的机会。此外，父母要教会宝宝如何为他人着想。比如当看到别人生病疼痛时，要让宝宝结合自己的疼痛经验感受并体谅他人的痛苦，从而为他人提供力所能及的物质或精神上的帮助。

最重要的是，父母一定要保护好宝宝的爱心。有时候父母由于工作忙或其他原因，对宝宝表现出来的爱心视而不见，或训斥一番，把宝宝的爱心扼杀在萌芽之中。比如长大的宝宝为刚下班的妈妈拿拖鞋，妈妈却着急地说："去去去，一边待着去，别添乱了。"再如宝宝蹲在地上想帮受伤的小鸡包扎，宝宝的妈妈生气地说："谁让你摸它了，小鸡多脏呀！"宝宝的爱心就这样被爸爸妈妈剥夺了。事实上，在很多情况下爸爸妈妈并不知道自己的行为会在不经意间伤害或剥夺宝宝的爱心。

妈咪 宝贝

虽然这时宝宝还不能自如地和小动物玩耍，但宝宝喜欢小动物是天性，父母可以让宝宝给小鱼、小鸟喂食，宝宝会从心底萌发出对小动物的喜爱。

如何正确处理宝宝的对抗

宝宝还不能说话时便知道反抗，如不想吃某些食物时就把汤匙推开或把头扭去一边，不想要别人抱时就哭闹。这时候，宝宝已经能用语言进行对抗了，或许在接下来的几个月里，无论父母提出什么问题和要求，宝宝的回答总是"不"。面对这种情况，父母到底应该高兴还是担忧呢，到底应该如何处理才好呢?

有人作过调查，在这一阶段具有反抗精神的宝宝，长大后大部分都成为有个性和意志坚强的人。所以父母应该正确理解宝宝的心理活动，正确处理宝宝在反抗期的行为。

1 要尊重宝宝的主张：这一时期的宝宝往往喜欢要求自己拿东西，自己穿衣服，像大人一样拿筷子吃饭，父母可能看着宝宝不熟练的动作心急，但一定不要制止或训斥，甚至还要给予适当的帮助和鼓励。否则宝宝要么将反抗发展成发脾气，要么变得胆怯，不能独立自主。

2 善于诱导和转移宝宝的注意力：对一些不适于宝宝干的事情，父母应该善于诱导或让宝宝去做其他事情，以转移宝宝的注意力，不要强迫命令。如有的宝宝在商店里看到喜欢的玩具要买，不买就赖着不走，最好的办法就是带他离开商店，宝宝到其他地方后会把商店的玩具忘得一干二净。

3 态度明确，是非分明：对宝宝的一些不合理的要求或不正确的行为，父母应该态度明确，向宝宝说明哪些行，哪些不行。不行的即使宝宝再三要求也不要满足。这样宝宝会逐渐地产生出哪些事情该做，哪些事情不该做的潜意识，这对宝宝心理健康的发展很有益处。

妈咪 宝贝

宝宝反抗是成长过程中的正常现象，父母要理解，并合理应对，不可一味地斥责宝宝。

怎样应对宝宝的各种要求

对宝宝的无理要求，采用注意力转移法

2岁左右的宝宝，注意力容易转移，根据这个特点，当宝宝提出无理要求时，可采用注意力转移法。比如，当宝宝硬要吃糖果时，妈妈可以突然拉着宝宝的手说："我们去小区找乐乐（宝宝的小伙伴）玩吧！"一瞬间，宝宝可能就将吃糖果的事给忘了，而高高兴兴地和妈妈出门了。

对宝宝不恰当的要求，采用巧设障碍法

2岁左右的宝宝，有时提出的要求不恰当，设置障碍，使他感到难以达到要求而不再坚持。比如，宝宝到了该睡觉的时间却非要看电视，妈妈不要责骂宝宝，硬逼着宝宝睡。妈妈可以拿出遥控器随便按一个键，并对宝宝说："怎么，电视坏了？"一边说一边装出生气的样子，补充说："宝宝要看电视，这破电视却坏了。"宝宝可能会有些失望，但也会接受，于是只能睡觉了。最后妈妈可以说："宝宝乖乖睡吧，明天电视就好了，宝宝就能看了。"

对宝宝正常的要求，采用顺心境自然法

2岁左右的宝宝有时会提做事的要求，如果可以完成，则应顺心境，帮助达到其要求。也就是说，如果宝宝想自己做一些事情，父母就放手让他做，不要担心他做不好，就当他在练习。

妈咪 宝贝

如果父母采取措施，宝宝仍不罢休，又哭又闹，为了不惯坏宝宝，家人可以对他进行冷处理。事后再跟他讲道理，告诉他，没有人会喜欢爱哭爱闹的宝宝。

让宝宝自主收拾玩具有什么好点子

婴幼儿时期，是各种行为习惯养成的重要阶段。习惯是互相作用的。假如宝宝从小就能养成自觉收拾玩具的好习惯，他做别的事情也会守规矩。另外，宝宝在收拾玩具时，还能培养"爱干净"和"自己的事情自己做"等好习惯,宝宝的自信心、独立性、责任感都会随之增长。

宝宝刚开始玩的时候，肯定不知道怎么收拾，也没有这种意识。所以，父母必须指导宝宝，先作示范，可以和宝宝一起收拾；每次宝宝把玩具收拾完毕了，父母要及时表扬和鼓励他，比如"今天，你把玩具收拾得很干净"等，表扬要具体到宝宝所做的事。通过不断地强化，能帮他逐渐养成自己收拾玩具的习惯。

等到宝宝慢慢知道玩完玩具要收拾之后，妈妈可以放手让宝宝自己收拾，跟宝宝说，那些玩具都是属于宝宝的东西，所以宝宝要自己将自己的东西放到指定的位置。收拾完后要表扬宝宝。另外，有一点需要提醒父母，如果宝宝哪天太累，或有了其他兴趣而没有主动收拾玩具，父母千万别批评，不妨问问："你以前都做得非常好，今天怎么没收拾呀？"让宝宝自己去发现，并提醒宝宝:做事要有始有终。这时，妈妈再和宝宝一起去做。

妈咪 宝贝

宝宝很容易受环境的影响，妈妈如果把家里的东西摆放得井井有条，宝宝也会习惯于干净整洁的环境，不随便乱扔东西；反之，父母整天乱扔东西，宝宝自然也就学会了。

当宝宝受欺负时父母应该怎么做

父母最难过的事情之一，就是发现自己的宝宝受到了其他人的欺负。心疼而又恼火的同时，该怎么做，对宝宝怎么说？以下是父母们有代表性的几种看法，父母们可以参考一下，并作出理智的判断。

教宝宝正当防卫

在竞争社会，教宝宝正当防卫，有必要的情况下学会反击是非常必要的。如果事事都教宝宝宽容退让，容易使他形成软弱怯懦的个性，无法做到自强自立。至于反击的方法，当然不是以暴制暴，可以教宝宝如何制止别人欺负自己，然后跟别人讲道理，或寻求他人的帮助。

从宝宝身上找到问题的症结

如果宝宝经常受欺负，起码可以说明一点：他的交往方式有问题。这对宝宝的成长是不利的。应该首先从自己宝宝身上找到问题的症结，帮他调整与同伴交往的策略，比如礼貌、协商、主动关心等，绝不能强行要求他打回去。因为宝宝本身对交往就有畏缩心理，万一动了手也打不回去，他的心理压力就更大，交往也就更不自如了。

应该从爱的角度出发，正确引导

一般来说，宝宝平时所受的欺负，无非就是被小朋友推了一把，如果没有严重的伤害，父母完全没必要大惊小怪，更不应该用打回去的方式进行反面强化。我们可以抓住这样的事例对宝宝进行适时的引导教育，让他体会到这种行为会对别人造成伤害，是大家都不喜欢的，小朋友应该团结友爱，和气相处。

妈咪　宝贝　　宝宝就是在今天吵明天好的过程中学会与人相处的，所以，只要不是很严重，父母不要去干涉，让宝宝们自己去摸索实践，找到交往的度，达到心理上的平衡。

第**8**章

2~3岁的幼儿

体重	2~3岁的宝宝这一年中，体重约增加2千克，满3岁时体重为13~14千克。当然，随着年龄的增大，宝宝之间的差异性越来越明显，有的宝宝满3岁时体重可达15千克，也有的宝宝满3岁时体重才12千克。这就需要根据宝宝的具体情况进行适当调整了
身高	一年中宝宝的身高增加7~8厘米，满3岁时身高为95~96厘米，为出生时的2倍。随着年龄的增大，宝宝身高受遗传因素的影响越来越明显，但父母也不要过于担心，要抓住宝宝生长的黄金时期，保证宝宝摄入均衡的营养，保证充足的睡眠和适量的运动
乳牙	在2~3岁时，宝宝全口20颗乳牙已出齐。乳牙萌出的早迟、数目的多少，以及牙质外观等，都能反映乳牙的发育情况。营养不良的宝宝不仅乳牙数目少，而且萌出时间迟、出牙顺序反常、牙色黄而无光泽
体格发育情况	2~3岁的宝宝的体格发育比前一时期明显减慢，但仍是人的一生中生长发育的快速时期。所以，父母不要因为宝宝生长发育缓慢而过于担心，这属正常现象。另外，父母应继续带宝宝进行每半年一次的健康检查，以便及时发现生长发育和健康问题，及时采取措施，进行治疗，以免延误发育

宝宝的生长发育

宝宝的能力发展

大动作能力

宝宝在2~3岁时，都表现出朝气勃勃、精神饱满、活泼好动的特点。基本动作有了很大的发展，如能平衡地走，熟练地跑，不仅能双脚向前跳，还能单脚跳几步，从上向下跳。不仅会攀登小椅、楼梯，还能用脚踢球、举手抛掷等，能玩简单的活动性游戏，听音乐节奏做某些模仿性动作等。

精细动作能力

宝宝手指的小肌肉动作逐渐精细、熟练，会玩弄各种玩具，如用积木搭简单的造型，用笔画线条(直线、横线)及圆圈，能模仿大人将面团捏成条、搓成团，还会模仿大人使用各种生活用品和用具，如使用肥皂洗手，自己穿脱鞋袜等。这时期的宝宝动作的特点是活动具有目的性和模仿性。

语言能力

2~3岁的宝宝的语言能力进入了掌握最基本的口语阶段，是语言的飞速发展时期。这时期的宝宝对"说"和"听"有高度的积极性，非常爱说话，整天"唧唧喳喳"地说个不停。爱听大人念儿歌、讲故事，甚至能在大人提示下背诵一些简短的诗歌，复述有故事情节的童话小故事。在日常生活中，非常主动地运用语言与大人和同伴交流，表达自己的意愿和情感，虽然表达能力还不强，但表达内容却很丰富。

想象力

2~3岁的宝宝想象力进入到初级阶段，想象内容非常简单，创造性成分少，仅是片段的，没有预定的目的，要注意想象力的培养，可以在绘图、音乐、表演、游戏、讲故事、猜谜语中进行。

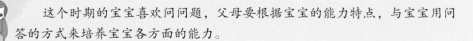

妈咪 宝贝

这个时期的宝宝喜欢问问题，父母要根据宝宝的能力特点，与宝宝用问答的方式来培养宝宝各方面的能力。

宝宝的行为和心理特点

心理特点

这时期的宝宝正处于情绪迅速分化、情感初步萌芽的阶段。这时的宝宝常因达不到目的或受到阻挠而发脾气，大哭大闹，以争取到自己想要的东西或达到目的；喜欢别人称赞自己，得到大人称赞会高兴地笑，被责骂时会不高兴，见了陌生人会害羞，对人会产生同情心和爱心。2岁后，随着年龄的增长，宝宝的情感表达日益丰富、复杂，除了喜、怒、哀、乐外，还产生了气愤、忧愁、烦恼、急躁、担心、妒忌等情感。所以，要注意培养宝宝良好、健康而丰富的心理情感。

行为特点

这个时候的宝宝喜欢与同伴在一起玩，并且感到快乐。并逐渐建立与同伴之间的友好关系，相互关心，并产生同情心。但与此同时，宝宝可能也会显现出不好的行为特点，如以自我为中心，不考虑别人的感受，只要自己喜欢的就一定要抢过来等。而且行为容易受情绪支配，常常由于自己的行动受到限制会反抗或不服，从而影响到情绪，甚至大发脾气，大哭大闹，不能控制自己的行为而打人、咬人、踢人等。

妈咪 宝贝

　　根据以上这些特点，父母应以自身良好的言行为榜样，让宝宝模仿，并教会宝宝与同伴友好相处的方法。

营养需求与饮食指导

宝宝还需要继续喝配方奶粉吗

尽管这时候的宝宝已经到了离乳期，一天吃三顿正餐了，但并不意味着宝宝再也不需要喝奶了。幼儿配方奶、鲜奶、酸奶、奶酪以及其他奶制品，仍应作为奶类食品提供给宝宝，每天都要选择一定量的奶制品。建议每天给宝宝喝300毫升左右的配方奶或鲜奶，也可以喝125~250毫升的酸奶或吃一两片奶酪代替部分配方奶。要根据宝宝的喜好，为宝宝选择不同的奶制品。

如果宝宝仍然像原来那样，每天都能喝一定量的配方奶，并不感到厌烦，那就给宝宝这么喝下去好了，可以一直喝到3周岁。

如果宝宝只是愿意喝酸奶，就是不愿喝配方奶或鲜奶，暂时先让宝宝喝酸奶也无妨，过一段时间再尝试着让宝宝喝配方奶或鲜奶。

如果宝宝只愿意吃奶酪加面包，也可以用鲜奶片代替奶酪。如果宝宝什么样的牛奶都不喜欢喝的话，建议试一试羊奶。

至于喝哪一种奶比较好，建议以配方奶或鲜奶为主，其他奶制品如酸奶、豆奶也应该让宝宝经常喝些。虽然从营养价值来看，配方奶和鲜奶较高，但正因为各种奶制品的营养成分不同，其保健功效也会有侧重，比如牛奶是补充钙质的良好奶源；酸奶则有助于肠道内物质的消化吸收、增强机体免疫力，豆奶中所含的微量成分异黄酮对人体具有防癌、防止骨质疏松等保健作用。

妈咪 宝贝

最好不要在奶制品中加其他食物，这样会降低宝宝对食物味道的鉴别能力，造成厌食。

怎样为2~3岁的宝宝准备饭菜

有的妈妈给宝宝做饭时很犯愁，不知道每天给宝宝做什么吃的好。其实一日三餐，无非就是粮食、肉蛋奶、蔬菜三大类食物相互搭配，争取做到膳食结构合理、营养全面、食物新鲜、味道鲜美、色泽好看、符合宝宝个性口味。基本原则是：

少放盐

宝宝不能吃过多的盐，做菜时要少放盐。如果父母都比较口重，那正好借此机会减少食盐摄入。过多摄入食盐，对大人的身体健康也是不利的。

少放油

摄入过多油脂会影响宝宝食欲。宝宝一般喜欢味道鲜美、清淡的饮食。

不要太硬、太大

宝宝可以自己进餐时，仍然是在学习有效地咀嚼和吞咽的阶段，所以菜肴不要做得太硬和太大，否则宝宝会因为咀嚼困难而拒绝吃菜。

适当调味

宝宝有品尝美味佳肴的能力，但妈妈给宝宝做饭多不放调料，我们大人吃起来难以下咽，宝宝也同样会感到难以下咽。给宝宝做饭菜时也需适当提高，这样宝宝才会喜欢吃。

品种多样

如果妈妈一周内给宝宝吃的饭菜总是那么几种，宝宝自然会觉得厌腻。所以，妈妈给宝宝做的菜要品种多样，同样的饭菜，一周之内，最多重复一次。

必要加餐

宝宝除了每日三餐之外，还应给他们加1~2次点心，最好是喝点配方奶。如果晚饭吃得早，在睡前1~2个小时，还可再喝点奶制品。

妈咪　宝贝

这个时候宝宝有能力自己吃饭了，妈妈就不用代劳了，让宝宝自己吃饭，自己选择自己喜欢吃的食物，妈妈不要干涉他，不要要求他该吃什么，不该吃什么。

宝宝不吃早餐用什么方法纠正

父母纠正宝宝不爱吃早饭的习惯，可采用以下方法试试：

1 做宝宝的表率：每天早上坐在桌旁津津有味地吃饭，宝宝也会受影响而这么做。

2 使早餐变得有趣：让宝宝有充足的时间悠然自得地进餐，使吃饭成为一种消遣，而不仅仅是为了补充营养。宝宝愿意有自己的饭碗和茶杯，父母就应给宝宝准备好，让他自己去拿用。对于喜欢帮妈妈在烤面包上用黄色奶油画出小人头，或者给薄煎饼加上奶油的宝宝，父母不妨让宝宝去做。这样可以使宝宝吃早饭兴趣更浓。

3 早餐的量少一些：如果宝宝更喜欢午餐，可以让宝宝中午多吃一点，而早上少吃些，只要早餐提供了充足的能量就行。

4 食物要多样化：不断变换早餐的食品，防止宝宝吃腻了。如在苹果上涂花生酱，用奶酪烤土豆。只要营养适当，不必拘泥食物的形式，也不要总是固定宝宝吃哪几样东西。

5 奖励小礼物：和宝宝一起选一种食品，然后根据宝宝的饭量把它分好后重新装在干净的塑料袋里。每一个袋里放上一件小礼物，如彩色粘贴画、游乐场的入场券、小装饰品等。宝宝把袋子里的食品，如牛奶、面包等吃光了，就可以赢得袋里的小礼物。这样的奖励游戏只能偶尔玩玩，经常玩宝宝就会对此形成依赖。

妈咪 宝贝

早餐在宝宝的营养素中，应该占一天所需要营养物质全部的1/3以上。早餐可以包括以下内容：牛奶、面包、麦片、果汁、水果、火腿、稀饭、果酱和小菜等。

宝宝怎样吃零食才健康

宝宝吃零食除了要注意选择合适的品种，还需掌握合适的数量，安排合适的时间，这样才能补充营养，不影响正餐，还能调剂口味。

1 规定宝宝吃零食的时间：可在每天中、晚饭之间，如上午10点左右，下午3点半左右给宝宝吃适量的零食。餐前1个小时内不宜让宝宝吃零食，否则会影响宝宝正餐的食量。睡前不宜吃零食，尤其是甜食，不然易患龋齿。如果从吃晚饭到上床睡觉之间的时间相隔太长，这中间也可以再给一次。这样做不但不会影响宝宝正餐的食欲，也能避免宝宝忽饱忽饿。

2 把握宝宝吃零食的量：在食用量上零食不能超过正餐，而且吃零食的前提是当宝宝感到饥饿的时候。一天不超过3次。次数过多的话，即使每次都吃少量零食，也会积少成多。

3 玩耍的时候不要吃零食：在玩耍时，宝宝往往会在不经意间摄入过多零食，严重者会被零食呛到、噎到，所以吃零食就要停下来，吃完后再跑动玩耍。

4 不可无缘无故地给宝宝零食：有的妈妈在宝宝闹时就拿零食哄他，也爱拿零食逗宝宝开心或安慰受了委屈的宝宝。与其这样培养宝宝依赖零食的习惯，不如在宝宝不开心时抱抱他、摸摸他的头，在他感到烦闷时拿个玩具给他解解闷。

5 选择适合宝宝的零食：不宜给宝宝吃太甜、油腻的糕点，糖果、水果罐头和巧克力也要少吃。这些不但会影响消化，还会引起宝宝肥胖；冷饮、汽水以及一些垃圾食品不宜给宝宝吃，这对宝宝生长发育有百害而无一利。

妈咪 宝贝

吃零食前后要注意卫生。吃零食前要洗手，吃完零食应漱口，从而预防疾病和龋齿。

能不能给宝宝吃口香糖

父母不敢给宝宝吃口香糖主要有三个原因：一是觉得口香糖含糖多，而糖是患龋齿病的重要因素之一，宝宝长期嚼口香糖，容易患龋齿。不过，这个问题近几年已经得到了解决。当前科技的发展已经找到了取代糖的代用品——木糖醇或甜叶菊。这样，既可满足人们享受甜味的乐趣，也可达到少患龋病的目的。

另一个原因则是担心宝宝将口香糖吞进肚子里。口香糖吃进肚子里当然是不好的，所以父母给宝宝吃口香糖时，一定要叮嘱他将嚼过的口香糖吐出，要严肃地告诉宝宝，如果宝宝吞进去了就不给他吃了。当然，人的肠胃内壁很光滑，并且分泌有大量黏液，口香糖不可能被粘住，吞进肚子后消化不了便会自动排出，不用开刀。

第三个原因相对来说比较重要一些，宝宝喜欢学别人用口香糖吹泡泡，如果经常持续玩吹泡泡，有可能使前牙向外移动，影响美观。而且长时间嚼口香糖，咀嚼肌始终处于紧张状态，有可能养成睡梦中磨牙的习惯，从而影响宝宝的睡眠质量。另外，宝宝如果一直嚼口香糖，还会因为嚼口香糖吞下过多空气，对健康不利。

鉴于以上几个原因，建议3岁以前的宝宝最好不要吃口香糖，3岁之后可以让宝宝适当吃点。但要注意必须保证宝宝会吃口香糖(不会将口香糖吞进肚子)，而且一天咀嚼口香糖的次数不超过3次，每次用餐后嚼食的时间在10~15分钟。千万不要整天都把口香糖含在口中，时间越长，危害越大。

妈咪 宝贝

口腔专家、胃肠专家和儿科专家一致认为，3岁前的幼儿和患有胃炎、胃十二指肠炎、胃溃疡和十二指肠溃疡，以及有严重传染病的宝宝不宜嚼食口香糖。

宝宝积食能用什么食疗方法

俗话说："要想小儿安，三分饥和寒。"意思是说要想宝宝不生病，就不要给宝宝吃得太饱、穿得太多。无论是哪一种食物，再有营养也不能吃得太多，否则不但不能使宝宝健康，反而会造成宝宝积食，给宝宝的身体带来不同程度的损害。

积食的宝宝往往会出现食欲不振、厌食、口臭、肚子胀、胃部不适、睡眠不安和手脚心发热等症状，甚至引起宝宝发烧。如果你发现你的宝宝有以下症状，那就表示宝宝积食了。

1 宝宝最近胃口变小了，食欲明显不振。

2 宝宝在睡眠中身子不停翻动，有时还会咬咬牙。所谓食不好，睡不好。

3 宝宝常说自己肚子胀、肚子疼。

4 宝宝鼻梁两侧发青。舌苔白且厚，还能闻到呼出的口气中有酸腐味。

宝宝患上积食症可用饮食疗法：

糖炒山楂

取红糖适量(如宝宝有发热的症状，可改用白糖或冰糖)，入锅用小火炒化(为防炒焦，可加少量水)，加入去核的山楂适量，再炒5~6分钟，闻到酸甜味即可。每顿饭后让宝宝吃一点。

山药米粥

取干山药片100克，大米或小黄米(粟米)100克，白糖适量。将米淘洗干净，与山药片一起碾碎，入锅，加水适量，熬成粥。

白萝卜粥

白萝卜1个，大米50克，糖适量。把白萝卜、大米分别洗净。萝卜切片，先煮30分钟，再加米同煮(不吃萝卜者可捞出萝卜后再加米)。煮至米烂汤稠，加红糖适量，煮沸即可。

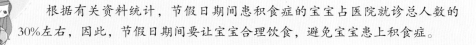

妈咪 宝贝

根据有关资料统计，节假日期间患积食症的宝宝占医院就诊总人数的30%左右，因此，节假日期间要让宝宝合理饮食，避免宝宝患上积食症。

日常生活照料

宝宝夜间磨牙、咀嚼是怎么回事

磨牙动作是在三叉神经的支配下，通过咀嚼肌持续收缩来完成的，夜间磨牙对宝宝的发育不利。为什么有些宝宝在睡觉时磨牙呢？经研究，目前认为有以下几种原因。

1　肠道有寄生虫，肚子里有蛔虫。蛔虫寄生在宝宝的小肠内，不仅掠夺营养物质，还会刺激肠壁、分泌毒素，引起消化不良。宝宝的肚子经常隐隐作痛，就会造成失眠、烦躁和夜间磨牙。

另外，蛲虫也会引起磨牙。蛲虫平时寄生在人体的大肠内，宝宝入睡以后，蛲虫会悄悄地爬到肛门口产卵，引起肛门瘙痒，使宝宝睡得不安稳，出现磨牙。

治疗方法：给宝宝驱虫，平时养成良好的卫生习惯。

2　晚餐吃得过饱或者临睡前加餐，导致宝宝消化不良而引起磨牙。父母不要在临睡前让宝宝吃得过饱，尤其不能吃不易消化的食物，吃饱后稍微待上一会儿再让宝宝上床睡觉。

3　缺乏维生素D患有佝偻病的宝宝，由于体内钙、磷代谢紊乱，会引起骨骼缺钙、肌肉酸痛和自主神经紊乱，常常会出现多汗、夜惊、烦躁不安和夜间磨牙。

如经医生诊断是这种情况引起的磨牙，应在医生的指导下给宝宝补充维生素D、钙片，平时多晒太阳，夜间磨牙情况会逐渐减少。

4　宝宝白天情绪激动、过度疲劳或情绪紧张等精神因素，都可以使大脑皮质功能失调而在睡觉后出现磨牙动作。

5　口腔疾病或卫生差也可以引起磨牙。宝宝从3岁开始应养成早晚刷牙的好习惯。另外，父母要定期带宝宝去看牙科医生，防治宝宝患口腔疾病。

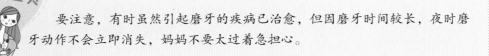

妈咪 宝贝

要注意，有时虽然引起磨牙的疾病已治愈，但因磨牙时间较长，夜时磨牙动作不会立即消失，妈妈不要太过着急担心。

如何通过宝宝的指甲判断健康

指甲不仅能保护宝宝的手指，也能反映宝宝的健康状况。健康宝宝的指甲是粉红色的，外观光滑亮泽，坚韧呈弧形，甲半月颜色稍淡，甲廓上没有倒刺。轻轻压住指甲的末端，甲板呈白色，放开后立刻恢复粉红色。而对于营养不均衡或身体有疾病的宝宝，他们的指甲也会出现一些变化。

1　宝宝指甲甲板突然增厚、变硬，可能是宝宝患有甲癣。而指甲变软、变曲、指尖容易断裂，则多见于先天性梅毒、维生素D缺乏等疾病患儿。总之，宝宝指甲太厚、太脆都有问题，最好去医院检查一下。

2　指甲红色太淡，多是贫血导致，父母应注意给宝宝补血。指甲的甲板上出现白色斑点和絮状的白色物质，多是由于受到挤压、碰撞，致使甲根部的甲母质细胞受到损伤导致的。随着指甲向上生长，白点部位会被剪掉。指甲变成黄色可能是宝宝患有黄疸性肝炎或者吃了大量的橘子、胡萝卜。另外，真菌感染也会引起指甲变黄，但出现这种情况时多伴有指甲形态的改变。

3　指甲甲板纵向发生皲裂，可能是宝宝罹患甲状腺功能低下，脑垂体前叶功能异常等疾病，应及时去医院检查、确诊、治疗。

4　甲板出现脊状隆起，变得粗糙、高低不平，多是由于B族维生素缺乏，可在食谱中增加蛋黄、动物肝肾、绿豆和深绿色蔬菜。

5　甲板出现横沟可能是宝宝得了热病(如麻疹、肺热、猩红热等)，也可能是代谢异常或皮肤病等原因导致，最好去医院确诊一下。

妈咪 宝贝

甲根部发白的半月形，叫做甲半月。一般而言，甲半月占整个指甲的1/5是最佳状态，过大、过小或者隐隐约约都不太正常。

如何给宝宝选择合适的牙膏、牙刷

关于牙刷

1 刷头：要根据宝宝的年龄来确定牙刷刷头的大小。2~3岁时，牙刷头的长度应为2.0~2.5厘米，宽度为0.5~0.8厘米，有2~4排刷毛，每排3~4束刷毛，牙刷头前端应为圆钝形。之后随着年龄的增长，可选择稍大的刷头。

2 刷毛：牙刷刷毛有天然毛鬃和尼龙丝毛两种。尼龙丝毛牙刷比较符合宝宝的牙齿特性。它弹性好，按摩均匀，有利于幼儿口腔保健。而且幼儿一般要使用偏软性牙刷，这样才不会磨损牙齿和牙龈。在买牙刷时，可用手指压一下刷毛，如手指有刺痛感则表示太硬。刷毛来回弯曲自如、手指有点痒的感觉，表示比较软。

关于牙膏

现在牙膏的品种很多，有洗必泰牙膏、氟化物牙膏、含酶牙膏及中药配方牙膏等。无论是普通牙膏，还是药物牙膏，它们的主要成分都是碳酸钙粉(一种摩擦剂，刷牙时可将牙垢摩擦下来)、少量发泡剂(刷牙时产生泡沫可以黏附摩擦下来的牙垢)，还有黏合剂和芳香剂(能增加黏性和口感)。总的来说，含氟牙膏是预防龋齿比较好的药物牙膏。但使用不当，宝宝会容易得氟牙症。建议3岁以下的宝宝要么

不使用含氟牙膏，要么选择含氟量较低的儿童牙膏。也可以选择具有天然的水果味的牙膏，刺激性小，可引起宝宝的味觉兴趣，但要防止宝宝吞吃。

另外，宝宝每次牙膏的使用量只需黄豆般大小就够了，最多不超过1厘米。刷完牙后要把牙膏漱干净。

妈咪 宝贝

给宝宝购买牙刷、牙膏时，可带上宝宝，让宝宝挑选自己喜欢的款式，以提高宝宝对刷牙的热情和期待，对宝宝学习刷牙有帮助。

纠正宝宝抠鼻子、吐口水的坏习惯

宝宝正是习惯养成的时候，自己也没法辨别哪些习惯是好的，哪些是不文明的，所以当妈妈发现宝宝的一些坏习惯时，要及时地纠正并教会宝宝好的习惯。比较常见的有下面两种：

经常用手抠鼻子

抠鼻孔是宝宝探索自己身体的一种有趣的方式。而对另一些宝宝而言，这有可能是过敏的征兆，他们通过抠鼻孔来缓解自己身体的不适。妈妈最好请儿科医生诊断一下宝宝是否患有过敏症。如果没有，平时就要向宝宝解释清洁鼻孔的最好方法是用纸巾，妈妈还可以为宝宝准备儿童用的卡通图案的纸巾，这样有助于宝宝改正自己的不良习惯。

随地吐口水

宝宝吐口水，可能只是觉得好玩才学着吐。妈妈发现宝宝的问题后，要告诉宝宝随地吐口水是一种不文明的行为。妈妈可以通过与宝宝做游戏或者用其他事物来转移宝宝的注意力，不让宝宝再吐口水。

如果宝宝嘴里真的进了脏东西，妈妈可以教宝宝去卫生间漱口。若是在外面，妈妈可以告诉宝宝，要把脏东西吐到餐巾纸上，然后再把纸扔到垃圾箱里。

宝宝总爱眨巴眼，如何纠正

眨眼本是一种正常的生理反射现象，但若不自主地频繁眨眼就是病态了，医学上称为多瞬症。

小儿多瞬症多由宝宝长时间看电视而形成频繁眨眼，每分钟12次以上，有时伴有面肌痉挛或其他全身症状。因为影响仪容，宝宝经常眨眼会受到父母的责备，宝宝心里紧张，眨眼就会加重。

父母最好观察记录宝宝每天看电视的时间，一般2岁的宝宝每天只可看15分钟电视，包括录像和动画片在内，不可以增加。可经常让宝宝看远处，让眼睛得到休息，在轻松愉快的生活中宝宝会逐渐改掉眨眼的习惯。

如确诊宝宝患有多瞬症，父母应积极消除患儿不良的心理因素，鼓励并引导患儿从事正常的游戏、娱乐与生活，努力转移、分散其注意力。治疗期间要少看电视，看电视时房间要有适当的照明。在临床治疗方面，可使用谷维素、维生素B_1、乳酶生或利福平眼药水等。中医的中药汤剂、针灸、推拿等效果甚佳，但均需在医生指导下进行。

另外，治疗期间，应少吃鱼、肉、鸡、虾、蟹等高蛋白、高脂肪食物，多食蔬菜、水果、豆制品等，并加强体能锻炼。

警惕宝宝那些毁牙的坏习惯

保护乳牙是宝宝生长发育中一个不能忽视的部分。想让宝宝拥有一口好牙齿，父母除了要帮宝宝从小养成坚持刷牙、定期作口腔检查的好习惯外，还要警惕宝宝那些毁牙的坏习惯。

偏侧咀嚼

偏侧咀嚼会使牙弓向咀嚼侧旋转，没使用的那一侧牙齿发育不良，使下颌向咀嚼侧偏斜、导致脸形左右不对称。父母要从宝宝开始咀嚼食物起就教宝宝，吃东西时两侧牙齿轮番使用。

口呼吸

正常的呼吸应用鼻子进行，但如果宝宝患有鼻炎或腺样体肥大等疾病，鼻道不通畅，就会形成口呼吸的习惯。长期进行口呼吸，宝宝的舌头和下颌后退，会导致上颌前凸，上牙弓狭窄，牙齿不齐。父母若发现宝宝用口呼吸，要及早带宝宝去医院检查，看宝宝是否患有鼻炎或腺样体肥大，并及早治疗。

咬东西

很多宝宝喜欢啃手指甲或者咬衣角、袖口、被角及吮吸奶嘴等，在咬这些物体的时候一般总固定在牙齿的某一个部位，所以容易在上下牙之间造成局部间隙，时

间久了，就容易形成牙齿局部的小开合畸形。父母要纠正宝宝咬东西的习惯。

刷牙用力过大

刷牙用力过大会造成牙齿表面釉质与牙本质间的薄弱部分过分磨耗，形成楔状缺损，引起牙齿过敏，继发龋齿，甚至牙髓暴露或出现牙龈损伤、萎缩。父母要教宝宝正确的刷牙方法。

睡前吃糖

要避免让宝宝睡前吃糖，否则糖分在细菌的新陈代谢过程中不断产生乳酸，腐蚀牙齿形成蛀洞，从而发生龋齿。

妈咪 宝贝

父母不要随便给宝宝剔牙，以免使宝宝牙缝变宽，而且剔牙的牙签如果不卫生，还容易将细菌带入口腔，引起感染。

宝宝经常喜欢憋尿怎么办

不少宝宝有过憋尿的经历，有的是迫不得已，有的则是形成了习惯。殊不知，这种坏习惯一旦养成，久而久之，就会对宝宝的身体健康甚至大脑功能造成负面影响。

父母对于宝宝的憋尿不仅要引起重视，更要采取有效的措施。一般来说，应从以下几个方面着手：

1 在日常生活中，父母就要让宝宝养成及时排尿的好习惯。在宝宝还没有入幼儿园之前，要有意提醒宝宝及时排尿。如在宝宝看电视和玩游戏前，让宝宝先去厕所，以免玩到入迷忘了排尿，并为宝宝定好排尿的时间，尽管有时宝宝还没到尿多的时候，也还是让他排尿。这样长时间地做下去，宝宝便会习惯成自然。

2 父母带宝宝逛街的时候，要特别留意厕所的方位，如果宝宝一旦需要排尿，就可以带他找到地方，既不致造成憋尿的不良后果，也不会影响到环境卫生。

3 及时发现宝宝憋尿的先兆。比如当宝宝精神紧张、坐立不安、夹紧或抖动双腿时，就要赶快问问宝宝是不是想排尿，如果确是憋尿，要立即带他去厕所。

4 如果发现宝宝经常憋尿，父母就要带宝宝去医院检查，看看宝宝的生殖系统是否发生了畸形，因为有些宝宝憋尿的原因跟生殖系统发生畸形有关。如果不是这种疾病，妈妈则应到心理咨询中心为宝宝寻求心理治疗。

妈咪 宝贝

不要因为怕宝宝憋尿就时刻提醒宝宝尿尿，排尿过于频繁，宝宝就容易形成尿频，这也是一种病态现象，对健康不利。

给宝宝选择一所合适的幼儿园

宝宝3岁时就要去幼儿园了，有的宝宝2岁多就已经进入幼儿园了。幼儿园是宝宝出生以来第一次接受正规教育，参与集体生活的地方。妈妈一定要给宝宝选择一家合适的幼儿园，以利于开发宝宝各种潜能以及培养宝宝各方面的能力，使宝宝更加健康、快乐地成长。

选择幼儿园主要从以下几个方面考虑：

1 硬件设施：看幼儿园的各种设备是否齐全、先进，供小朋友玩的设施是否安全、多样，教室里的桌椅和小朋友们的床的设计是否合理、安全，等等。

2 师资水平：看幼儿园的老师是否有修养、有知识，对宝宝是否有爱心、亲切，等等。

3 工作人员的素质：看幼儿园是否配备了专门的医护人员、厨师、营养师等，其专业素质如何。

4 管理水平：看幼儿园的各项工作是否开展得井然有序。

5 整体氛围：看幼儿园是朝气蓬勃还是死气沉沉。

6 环境：看幼儿园里的环境是否优雅、空气质量如何等。

7 交通条件：看幼儿园附近交通是否便利，离家近不近等。

父母在送宝宝上幼儿园之前应先去幼儿园看几次，并问一下周边的人对该幼儿园的评价如何，经过慎重考虑后，为宝宝选择最佳的幼儿园。

妈咪 宝贝

挑选幼儿园最主要的是宝宝自己喜欢。父母将宝宝送到幼儿园后，要多问宝宝是否喜欢这个幼儿园，若宝宝明确表明不喜欢，妈妈要弄清原因，考虑是否给宝宝换幼儿园。

宝宝入园前应作哪些准备

为了避免宝宝入园后不适应，或对入园产生排斥心理，父母事前应该作些准备。

熟悉环境

在确定送宝宝入园前的一两个月内要经常带宝宝去幼儿园熟悉熟悉环境，接触老师和同班的小朋友，最好和幼儿园里的老师和小朋友做一些游戏，让宝宝感受在幼儿园这个集体中生活的乐趣，为宝宝真正地入园打下坚实的基础。

邀请老师家访

父母有必要请求幼儿园内的老师进行家访，其目的就是让宝宝在自己熟悉的环境中，先与陌生的老师接触，通过和老师面对面的交谈、游戏，加深对老师的认识和了解，减少对陌生人的恐惧感。

老师也可以和父母一起交流，让老师介绍一下幼儿园的详细情况，让父母对幼儿园也有所了解。同时，父母也应该向老师详细介绍一下宝宝的具体情况、性格、喜好等，这对入园后更好地照顾宝宝有重要作用。

调整作息时间

父母应了解一下幼儿园的作息制度和要求，入园前就让宝宝在家照这个作息制度生活一段时间，入园后会更快地适应新生活。

妈咪 宝贝

宝宝入园时，妈妈应准备一些宝宝喜欢的玩具，只要看见这些熟悉的东西，宝宝就会有一定安全感。在一定程度上讲，这些物品会帮助宝宝减少哭闹，尽快度过分离焦虑期。

宝宝哭闹着不肯上幼儿园怎么办

对于宝宝哭闹着不肯上幼儿园这一问题，父母们都各有办法，但是最重要的原则是：父母要坚持接送，勤与教师交流沟通，并及时发现和解决问题；多鼓励，多表扬，培养宝宝的独立和自理能力。这样持续下来，宝宝就会渐渐喜欢上幼儿园。以下几条建议供父母参考：

做好入园前的准备工作

送宝宝上幼儿园之前一定要作好充足的准备。如带宝宝熟悉幼儿园的环境，通过故事让宝宝对幼儿园的生活产生兴趣，给宝宝安排与幼儿园相应的作息时间等。

鼓励宝宝多交朋友

幼儿园里的小朋友对于宝宝来说是相当重要的。有小朋友的陪伴，他就不会对大人离开身边的事情念念不忘了。因此平时可以邀请其他的小朋友到家中来玩，以促进宝宝们之间的友谊。

坚持送宝宝上幼儿园

不管天气冷热、刮风下雨，都要坚持按时送宝宝上幼儿园。这样才能培养宝宝的纪律性，让宝宝知道上幼儿园就跟爸爸妈妈上班一样，要守时、守纪律。

及时与宝宝和老师沟通

如果入园已经很长一段时间了，宝宝还是有强烈的害怕和抵触情绪，父母就要注意了。要及时与宝宝和老师沟通，找出具体原因，以便对症下药。

妈咪 宝贝

若发现宝宝身体不舒服，可暂时不上幼儿园，在家观察。如果家里没人，也可送去幼儿园，但要和老师说明情况，以便老师观察和照顾。

宝宝在幼儿园不合群怎么办

消除宝宝的不安全感

不合群的宝宝多半胆子很小，性情也比较懦弱。父母应鼓励宝宝大胆与人交往，同时给宝宝一个自由、和谐的心理环境。父母不可对宝宝说"你怎么这么笨，这点儿小事都做不好"之类的话，这会加重宝宝的不安全感和孤独感。

要帮助宝宝结交玩伴

在送宝宝去幼儿园之前，妈妈就要让宝宝多与邻居的宝宝一起玩，多带宝宝参加一些活动，或者带宝宝去公园、广场等人多的地方活动活动，从小做起，改变习惯。为了宝宝的安全，老是让宝宝待在家里，这样更容易造成宝宝内向、不合群。

让宝宝学会交往

使幼儿适应集体生活，必须教他们学会与同伴交往，而游戏正是幼儿友好交往的重要途径。父母可以经常请一些小朋友到家里玩，让他们一起游戏、听故事、唱歌、跳舞、画画，逐步养成宝宝与同伴交往的习惯，并在交往中使其懂得游戏规则，学会谦让、容忍、礼貌等行为。久而久之，习惯成自然，宝宝就会产生与同伴游戏的欲望。

帮助宝宝克服依赖感

不合群的宝宝对父母有强烈的依赖感，自主生活能力差，什么事情都要父母帮助，这时父母一定要让宝宝自己独立完成一些事情，不可有求必应，不要总是照顾、代替他去把事情做好。

妈咪　宝贝

若你的宝宝天生比较内向，在送宝宝入园时，要请老师多给宝宝一些关注，引导宝宝和小朋友做一些互动的小游戏，慢慢地引导宝宝融入到幼儿园这个集体中去。

早教启智与能力训练

如何教宝宝自己穿、脱衣服

先从脱衣训练开始

有时候，宝宝还没有意愿自己动手脱衣服，这时他会缠着妈妈，请求帮助。遇到这种情况，你不要很快就满足他的要求，试着鼓励他："宝宝试着自己脱脱看。"同时在一边帮助宝宝，如果宝宝拒绝你的帮助，自己想脱衣服，却脱不下来时，你在一旁要为他打气："还差一点，做得真不错！"在他困难的时候，稍微帮他一点忙，让他产生"我能自己脱下来"的自信。

开衫比较容易脱下来。相比较开衫，

套头衫脱下来的难度比较高，妈妈可以先帮宝宝解开可能卡住他脖子或手腕的纽扣，指导宝宝用手抓住衣服下摆，举起来，妈妈协助宝宝把衣服脱掉；或者让宝宝先从袖子里抽出手来，再用双手从衣服里面撑开领子后，将衣服脱下。

穿衣训练

穿衣前，妈妈要先把衣服放整齐，然后教宝宝分辨衣服前后：领子部分有标签的是后面，有缝衣线的是反面。

先教宝宝穿套头衫，将衣服套在颈部，宝宝寻找袖管时，会发生前后颠倒的情形。你要帮他将双臂伸到衣服外面，旋转衣服半圈再穿。你也可以帮忙拿着一只衣袖，这样他就很容易将手伸进去。

学会了穿套头衫衣服后，接下来就要教他穿有纽扣的开前襟的衣服。

妈妈和宝宝面对面，将扣子的一半塞进扣孔，让宝宝从扣孔里拉出来；先把最上面的扣子扣上，再从上往下一个个扣好。

妈咪 宝贝

在宝宝学习脱衣、穿衣之前，可以让他玩帮娃娃穿、脱衣服的游戏。另外，在教宝宝脱衣服的同时，要养成叠、整理衣服的习惯，不要让他将衣服随意丢弃。

如何教宝宝穿鞋

穿鞋的操作要点

带粘扣的鞋子比较容易穿、脱，是宝宝学习穿鞋的首选。穿鞋前，要先告诉宝宝怎样区分左右脚：让宝宝把鞋子放在自己的正前方，鞋的头部朝前，如果看到两只鞋的中间有一个小洞，就说明左右脚的顺序是对的；如果中间没有小洞，就说明放反了。

教宝宝学穿鞋的步骤

第一步：作示范。在宝宝动手操作前，妈妈最好先拿一个布娃娃做教具，给宝宝演示一下穿鞋的过程。

第二步：让宝宝自己实践。宝宝自己穿鞋前，妈妈要将鞋子的扣子打开，将鞋子分好左右，摆在宝宝的面前，先让宝宝把双脚伸进鞋里，趾尖使劲儿朝前顶，把脚全部伸到鞋中，再帮宝宝把后跟拉起来，最后教宝宝将鞋扣搭好。这样能使宝宝打消"穿鞋很难"的疑虑，激发宝宝的操作兴趣，使宝宝更愿意自己穿鞋。

鞋穿反了怎么纠正

宝宝刚开始学穿鞋的时候经常分不清左右，穿反鞋是常有的事。父母可以通过给宝宝打比方、讲道理的方式，使宝宝自己认识到错误，主动纠正。妈妈可以说："宝宝的两只脚舒服吗？你没有把鞋宝宝安排在正确的地方，鞋宝宝生气了，快换过来试一试。"等宝宝换过来后，妈妈还可以说："鞋宝宝现在不生气了，宝宝是不是觉得舒服多了呢？"通过这种对比和体验，宝宝再穿反鞋的时候，就能很快意识到可能是哪儿出了问题，并自己解决。

妈咪 宝贝

这个时候的宝宝喜欢穿大人的鞋，妈妈可以借此心理，用大人的鞋教宝宝怎样穿鞋，相信宝宝会很乐意去学的。

怎样教宝宝刷牙、洗脸

宝宝2岁后，妈妈要教宝宝刷牙、洗脸，早上起床后让他自己学会做好这些清洁工作。

教宝宝刷牙

1 引导宝宝模仿：宝宝的模仿能力很强，教宝宝刷牙，最好的方法就是你自己示范给他看。动作表情要夸张一些，一边刷一边还要表现出愉悦的神情。

2 让宝宝看到自己刷牙的样子：可以准备一个凳子，让宝宝站在上面，这样他一边刷一边还能看到镜子里自己刷牙的样子，这个样子可能会让宝宝喜欢上刷牙。

3 教宝宝刷牙的方法：上牙从上往下刷，顺着牙缝刷；下牙从下往上刷，再仔细刷磨牙咬合面的沟隙处，以有效预防蛀牙的发生。在宝宝学习刷牙时，父母可以让宝宝配合儿歌进行，以提高宝宝的学习兴趣。

教宝宝洗脸

1 为宝宝准备其喜欢的专用盥洗用具：在购买毛巾、香皂等洗漱用品的时候，妈妈可以带宝宝到商店去，让宝宝自己挑选，可激起宝宝使用它们的兴趣。

2 在游戏中学习：妈妈可以用做游戏的形式，将洗脸的动作和步骤教给宝宝。可以先让宝宝玩一会儿水，然后一边帮宝宝擦洗眼睛、耳朵、鼻子等部位，一边给宝宝唱儿歌，比如"小小毛巾，亲亲宝贝，亲亲脸蛋，亲亲眼睛，亲亲耳朵，亲亲鼻子"等，使宝宝觉得很有趣，并帮助宝宝记住洗脸的要点和程序。

3 和宝宝比赛：平时洗脸的时候，妈妈可以和宝宝一起洗，和宝宝比一比谁洗得快，谁洗得干净，使宝宝对洗脸的兴趣更浓厚。

妈咪 宝贝

宝宝挤牙膏有时会挤多，要偷偷帮他弄掉一些，小宝宝不要用太多牙膏，只需少量的如黄豆大小即可。

男孩与女孩是否应区别培养

不管是在性格方面还是在对游戏、玩具的喜爱方面，男孩与女孩都是有差别的，那么，父母如何面对女孩与男孩的差异？是有意去做一些事情，把女孩养育成女孩的样子，把男孩养育成男孩的样子，还是忽视性别上的差异，让宝宝们自己去自由发展呢？

父母不需要刻意做一些事情，不需要时刻想着宝宝的性别，分辨自己是在"养育女儿"，还是在"养育儿子"。3岁之前，父母只需要知道自己是在养育宝宝，无论是男孩还是女孩，都需要给予同样的爱护与关怀就行了。

首先要把宝宝看成是有独立思想、独立人格的人。每个宝宝无论是在生理上还是心理上，都有着不同于其他宝宝的生长曲线、成长轨迹，父母应该尊重宝宝的个性，不管他是像男孩还是像女孩，身心健康发育才是最重要的。也不要规定男孩只能跟男孩玩，女孩只能跟女孩玩。在小宝宝的眼里是没有性别之分的，只要他们觉得快乐就行，父母的限制会打乱宝宝的交往意识。

还有一种教育方法，必须明确指出来是错误的。个别父母内心深处特别想生个女孩，面对出生的儿子，就有意把儿子当做女孩养。这样的养育观念后患无穷，可能会导致孩子成人后性别意识错位。

妈咪 宝贝

关于男孩与女孩的养育问题，提醒父母：打扮宝宝时还是依性别特点来打扮，不要男孩穿着女孩的衣服，女孩穿着男孩的衣服，以免使宝宝对自己的性别认识产生混乱。

怎样教宝宝背诗、唱歌

同宝宝一起学习和背诵古诗

2岁多的宝宝最喜欢同大人一起朗读古诗。我国文化源远流长，这些流传至今的古诗有韵律、朗朗上口，便于记忆和背诵。父母在给宝宝选读古诗时，要注意选择十分形象化的，例如，初唐四杰中骆宾王7岁时写的《咏鹅》："鹅、鹅、鹅，曲项向天歌。白毛浮绿水，红掌拨清波。"父母一面朗读，一面向宝宝解释，让宝宝明白后再开始跟着朗读。另外，有些诗在一定的情景下宝宝会学得很快。例如，有一晚月亮特别好，在床前就能看见，马上可给宝宝朗读："床前明月光，疑是地上霜。举头望明月，低头思故乡。"这样能够激发宝宝对朗读诗歌的兴趣，并容易记住。

让宝宝学习唱歌

2岁多的宝宝很喜欢唱歌，宝宝最先学会妈妈经常唱的歌。因此父母最好学会几首儿童歌曲，儿童唱的歌音域不会太宽，多数在5~6个音阶之间，节拍分明，基本上一个字唱一拍，容易学习。不要让宝宝唱大人唱的流行歌曲或电视的插曲，因为音域太宽，宝宝唱不下去，就会走调，这样宝宝唱歌就会经常走调。父母同宝宝唱歌可以一边唱一边打拍子，也可以一边唱一边做动作，使气氛活跃。

妈咪 宝贝

不管是朗读诗歌还是学习唱歌，都不要贪多，让宝宝完全学会了一首诗或歌后再学另一首，并在有相关环境时，同宝宝一起复习，以加深记忆。

和宝宝一起玩拼图

现在市场上的玩具多种多样，究竟哪种玩具不但能充分开发宝宝的智力，而且价格便宜呢？拼图是你最好的选择。

当宝宝玩拼图时，他们实际上锻炼了读、写能力及动手能力，同时，还锻炼了宝宝解决问题的能力。你可别小看这项能力的训练，一些能够承受压力的人就是从小受到这方面的锻炼，长大后才能在学习、工作遇到困难时，找到解决问题的方法。

对于没玩过拼图的宝宝，父母最好先向他演示将四片拼图拼成一幅完整图画的过程，并让他仔细观察最终拼出的图案。接着，你试着将其中的一片拼图移开，放在旁边，这样拼图就少了一片，然后让他观察移走的那片拼图的上下左右的边线和颜色特征，并让宝宝尝试将这块拼图放回原来的位置，形成一幅完整的图画。当宝宝已经能将移走的一片拼图放回相应的位置时，你则可以试着取走两片拼图，让他自己思考和解决问题。

父母在购买拼图时要注意选择图案简单的，最好是非常熟悉的东西组成的。比如小鸡、西瓜、苹果、水杯等，不要选奥特曼、童话故事等内容的拼图，因为这个年龄段的宝宝还不能把图案和故事联系起来。另外，拼图的颜色要鲜明，最好选择衬底为白色的，这样的图案会比较突出，宝宝容易找到。

妈咪　宝贝

　　宝宝每完成一幅拼图，妈妈可将其保存起来，留给宝宝作纪念，以当做宝宝成长的印记。

宝宝看什么动画片好，怎么看

动画片会对宝宝的身心发展带来什么？该给宝宝选择怎样的动画片？怎样合理控制宝宝看动画片的时间？如此种种与动画片有关的问题在困扰着父母。让我们一起走进宝宝的动画世界。

在这个电视普及的年代里，动画片成了伴随每个宝宝成长的伙伴。一份调查显示，将近一半的宝宝在1岁以前就开始看动画片了。动画片能开发宝宝的想象力，培养宝宝的幽默感，给宝宝带来快乐，还能满足宝宝的求知欲。但如果父母放心地把宝宝交给动画片，放任不管，宝宝会把动画片中的一切照单全收，那些品位不高、制作粗劣的动画垃圾，会不负责任地污染宝宝稚嫩的心灵。所以，父母要正确引导宝宝看动画片。

首先，无论什么动画片，宝宝看的时间都不宜过长。

其次，要选择好的动画片。好的动画片应该具有启迪智慧、陶冶情操的作用，适合该年龄段宝宝的心理发展水平。

最后，要学会引导宝宝正确看动画片，学习里面有正面意义的东西，使宝宝开阔眼界、增长见识，并促进感知能力的发展。

2~3岁期间，可以适当地看些主题单一、情节简单的动画片，画面色彩要比较鲜艳，配乐要优美、短小。还可以让宝宝看一些有助于语言开发的动画片。

经典动画片有：《黑猫警长》、《西游记(卡通版)》、《葫芦兄弟》、《宝莲灯》、《阿凡提的故事》、《哪吒闹海》、《狮子王》、《机器猫》、《聪明的一休》、《蓝猫淘气三千问》等。

妈咪 宝贝

父母要严格规定，吃饭时不能看电视。看电视后要给宝宝洗手、洗脸，以减少电视辐射的影响。

耐心回答宝宝问题，并学会给宝宝提问

鼓励宝宝提问，善待宝宝的问题

父母必须珍惜和保护宝宝的好奇心和求知欲，对宝宝提出的每一个问题都要尽可能给予满意的解答，不能有丝毫的不耐烦。回答宝宝的提问要注意：

1 对于宝宝的提问，能解答多少就解答多少，如果宝宝提出的问题父母根本不懂，要实事求是地告诉宝宝自己也不懂，不可以胡乱解释，把错误的东西教给宝宝是有害的，并在事后把它弄清楚，然后给宝宝讲解明白。

2 如果宝宝提出的问题是这个年龄还不宜理解的问题，就直截了当地告诉宝宝："等到你长大了，读了书就明白了！"

3 父母也要随着宝宝的年龄增长，读一些《幼儿十万个为什么》、《儿童十万个为什么》之类的百科知识书籍，这类书籍中包括了绝大部分宝宝们常问的问题。父母事先读一点书，可以做到有备无患。

多向宝宝提问题，引导宝宝积极思考

除了善待宝宝的问题，妈妈还应当多向宝宝提出些问题，给宝宝提供更多思考的机会。

比如，在用毛巾给宝宝洗脸时，妈妈可以顺便问问宝宝："除了用来洗脸，毛巾还可以用来做什么？"宝宝如果回答"可以用来洗澡"，妈妈就可以说："还有呢？"宝宝可能会回答："可以当抹布擦桌子，当围巾围脖子，当枕巾睡觉，当玩具扔，当棉被给布娃娃盖……"即使宝宝的回答不符合常理，只要宝宝肯开动脑筋，说出一些和妈妈问的问题相关的答案，就已经是很大的成就了。

妈咪宝贝

经常给宝宝提一些"如果天上下的不是雪，而是白糖，宝宝会怎么办"之类违反常规的问题让宝宝回答，可以帮宝宝的大脑插上想象的翅膀。

如何教宝宝学会用筷子

婴幼儿正处于生长发育旺盛阶段，通过用筷子可锻炼手指活动能力，手指的活动能力又能刺激脑部手指运动中枢，感应传导及调节人体各部分的机能，从而有助于其智力的发育。

游戏训练法

长"筷子"捡积木：拣几根比较直的、粗细适合宝宝的小手的树枝当"筷子"，在妈妈的帮助和示范下，要求宝宝将散在外面的积木（一开始可以用棉花球）夹回筐里。让宝宝一手拿一根树枝，然后双手配合慢慢地把积木夹起，放入筐中。食物可以选用爆米花等轻而且物品上有沟槽和裂缝的，容易夹起来，又会刺激宝宝去练习。

选择合适的筷子

塑料筷子对刚开始练习使用筷子的宝宝来说太滑，不容易夹菜。所以建议妈妈可让初学用筷子的宝宝使用竹筷，因为方形竹筷易夹住食物，而且无毒、轻便，易握紧。宝宝用的筷子要比大人的短些，最好是细而圆的，可以选择带有卡通图案的筷子，这样宝宝乐于接受。

妈妈要有耐心

学习新技能之前，宝宝都会表现出一定的渴望，比如抢妈妈手里的筷子，盯着别人吃饭的动作，喜欢拿着筷子玩，等等。所以妈妈的任务就是抓住他的兴趣点，而不是因为到了应该学的年龄，而强迫他去学习，这样做反而会适得其反，顺其自然最好。如宝宝一时夹不好，使吃饭的时间延长或食物撒落，妈妈要有耐心，不要责怪宝宝。

妈咪 宝贝

不宜过早教宝宝使用筷子，对宝宝各种能力的训练要遵循儿童大脑发育的客观规律。教宝宝使用筷子应选择宝宝3岁左右时进行。

给宝宝玩什么样的玩具好

适合2~3岁宝宝玩的玩具

娃娃：用来练习给娃娃穿、脱衣服和照顾娃娃。

活动玩具：各种玩具小车，练习运动技能的三轮车。

用来做手工作品的工具：儿童剪刀、胶水等做剪贴之用。

印画用的安全无毒的颜料和海绵印章，折纸用的彩纸。

角色扮演玩具：医疗、厨房、理发玩具等。

培养手眼协调能力的骨牌、陀螺、发条玩具、橡皮泥或面团等。

可以观察各种科学现象的玩具，如磁铁、放大镜、沙漏、天平等。

开发脑力的玩具：区别颜色或大小的玩具，分类配对和分辨形状用的字卡、积木或拼图。

用来进行只看一部分来推理全部的游戏的玩具，如拨珠数数玩具等。

生活中可自制或替代的玩具

玩衣夹、镊子，练习用筷子夹小东西。

自制硬纸板打洞，供穿线"绣花"游戏。

找可以作为印画的材料，如蔬菜、树叶、硬币及宝宝的小手或小脚等。

在相同大小的瓶子里装不等量的沙子或米，让宝宝感受不同的重量。

扑克牌，进行分类和认数字。玩归类的玩具架和玩具柜。

用纸杯制作"土电话"。用各种瓶瓶罐罐等制作音响。

妈咪　宝贝

游戏时，要给宝宝他喜欢的玩具，这是玩得好的基础，但一次不宜给得过多。

什么游戏可以训练宝宝的体能

父母可以通过一些小游戏训练宝宝的体能。

游戏1：丢沙包

适合年龄：2~3岁

游戏方式：你要亲手缝制一个沙包，软软的沙包，很适合训练宝宝小手的抓握能力。游戏时，爸爸、妈妈和宝宝站在预先设定的区域内，呈三角形，注意相互之间不要分得太开。然后大家按照顺时针或逆时针方向投掷沙包。宝宝要躲过或者接住沙包。

游戏2：老鹰捉小鸡

适合年龄：3岁

游戏方式：让爸爸客串一回"老鹰"，宝宝躲在"母鸡"妈妈的"羽翼"下，宝宝千万别放松了警惕，"老鹰"爸爸的突袭可是随时的。老鹰捉小鸡不仅能锻炼宝宝的灵敏反应，还能增进亲子之间的依恋感情。

游戏3：踩尾巴

适合年龄：2~3岁

游戏方式：你可以为宝宝准备一些较长的纸条，一头握在你的手里，一头拖在地面上，跑动时纸条舞动起来就像一条长长的尾巴。宝宝追跑着，试图用脚踩住纸条的一头。这样的嬉戏追逐可以锻炼宝宝动作的协调性，以及他灵活应变的能力。

游戏4：堆雪人

适合年龄：2~3岁

游戏方式：飘扬的雪花是大自然赐予宝贝们的礼物，白茫茫的雪地更是一个天然的游乐场：滚雪球、打雪仗、堆雪人……其乐无穷。不过游戏中要注意为宝宝作防冻准备。

妈咪 宝贝

特别是寒冷的冬天，你不要让宝宝整天闷在家里，多带宝宝出去做游戏，对宝宝的体能、智力、交往和相处能力的发展都是十分有益的。

表扬宝宝用什么方法合适

表扬是父母常用的一种鼓励宝宝的方法，用这种方法肯定宝宝的优点，鼓励宝宝进步，效果很好。但表扬要讲技巧，讲艺术，如果方法不对会适得其反。

1 该表扬才表扬：宝宝做出值得表扬的事情，才能给予表扬。这样才能给宝宝留下深刻印象。

2 表扬要具体：父母应特别强调宝宝令人满意的具体行为，表扬得越具体，宝宝对哪些是好行为就越清楚。比如，两个小朋友在一起玩耍，一个小朋友摔倒了，爬不起来就哭了，另一个小朋友跑过去把他扶起来，帮他打净身上的土，把小朋友送回家。如果父母说你今天真乖，宝宝往往不明白"乖"是指什么。你可以这样说："你今天把小朋友扶起来送回家，你做得很好，妈妈很高兴。以后和小朋友在一起玩耍，就像这样互相关心、互相帮助。"用这种方法既表扬了宝宝，又培养了宝宝关心别人、助人为乐的良好品质。

3 要及时表扬：如果宝宝做了某一件好事，父母就应立即表扬，不要拖延。否则，时间过长，宝宝对这个表扬不会留下什么印象，更不能强化好的行为。

4 表扬与奖励相结合：宝宝表现得好，可以适当地给一些精神奖励和物质奖

宝宝真乖！

励，如给宝宝讲一个有趣的小故事，或给一个小玩具、小食品等，以鼓励宝宝继续努力。

总之，表扬宝宝要讲艺术，通过表扬使宝宝增强分辨是非的能力，并鼓励他不断上进。

妈咪 宝贝

父母不要轻易责骂宝宝。如果无法教给他正确的做法，至少也应讲解他受责骂的原因。尽管他不能完全理解其挨骂、挨打的理由，但也会从大人的态度上，知道自己到底错在哪里。

如何让宝宝学会帮大人做事

做家务应当是妈妈给予宝宝最好的教育之一。宝宝协助做家务，可发展身体和心理上的技能，包括可以训练他的观察力、理解力、应变能力及体能。宝宝每学会一项新的任务，他的能力和自信心便会向前迈进一步。而借助做家务，宝宝也会有参与感、成就感和荣誉感，培养宝宝对家庭的责任心和归属感、独立性和自主性。

下面有几点引导宝宝做家务的注意事项：

1 把握时机：宝宝都有强烈的好奇心，妈妈要把握时机训练宝宝做简单的家务，耐心地告诉他正确的方法。

2 视年龄交托家务：哪些家务可以交由宝宝帮忙，得视年龄而定。

3 陪宝宝一起做：和宝宝一起做家务，他一定会很高兴，对宝宝而言，都是有趣的游戏。可陪宝宝一边做家务，一边聊天，以增加做家务的乐趣。

4 肯定他的努力：妈妈要让宝宝有参与家务的机会，并多给予鼓励、赞美，使宝宝从工作中得到成就感及自信心。

5 利用家务机会教育：宝宝站在妈妈身旁看妈妈做家务，妈妈可以问"为什么我们要吃这种菜？""这种菜是怎么长出来的？"等，利用一起做家务的时间，与宝宝分享生活经验。

6 在教宝宝做家务时，妈妈要有耐心且不厌其烦。虽然宝宝的热心参与可能往往是越帮越忙，如洗菜、洗水果，溅得到处都是水，妈妈必须容忍这些混乱，并将每件事分解成小步骤来教宝宝。

妈咪 宝贝

妈妈可以规定每周和宝宝，还有爸爸，一家人一起搞大扫除。分配好任务，放段音乐，便可开始了。

如何培养宝宝学习舞蹈的兴趣

舞蹈是美的化身，是用形体表现的艺术造型。妈妈们都希望自己的宝宝能歌善舞，但仍有一些宝宝对舞蹈不感兴趣。怎样才能培养宝宝对舞蹈的兴趣呢？

1 妈妈最好自己也对舞蹈感兴趣。因为成人的举止、言谈、爱好，会对宝宝起到潜移默化的感染作用。

2 可以利用电视、网络、电影等传播媒介，多让宝宝看一些大型的舞蹈比赛节目，比如每年的少儿舞蹈大赛等。有意识地带领宝宝观看各种风格的舞蹈表演或者音乐演出，让宝宝从中感受到真实的舞蹈的优美，激发宝宝的舞蹈兴趣。

3 要经常播放一些优美、抒情、活泼的乐曲及宝宝喜爱的乐曲，让宝宝听一听、跳一跳。也可以采用一些有关小动物的乐曲，让宝宝伴随乐曲蹦蹦跳跳，感受一下情趣。

4 召开家庭音乐会。比如过年过节一大家子聚会在一起，可以鼓励你的宝宝给大家表演节目。一方面可以提高宝宝对舞蹈的兴趣，另一方面大人可以与宝宝进行沟通。

5 根据宝宝的爱好，制作一些动物头饰、服装、道具等，使宝宝在愉快、欢乐、轻松的情景中，感受到舞蹈的高雅情趣。

妈咪 宝贝

　　妈妈可以经常带宝宝参加一些集体活动，让宝宝感知艺术美，让优美的舞姿吸引宝宝。

如何培养宝宝绘画的兴趣

1 给宝宝创造一个良好的绘画环境：给宝宝准备好颜料和纸笔，任他去尽情涂抹。幼儿学画的动机往往来源于模仿，父母常在纸上画些简单的图形，示意他们去表现，鼓励他们自己去画，并对他们的"成绩"给予肯定。在这种环境的熏陶下，宝宝自然喜欢画画。

2 培养宝宝绘画的自信心：对宝宝绘画需要多鼓励，使他感到有能力画好，并经常把他画的画挂在墙上让大家观赏，宝宝的绘画能力被大人理解，受到重视，兴趣自然会越来越浓。

3 激发宝宝的绘画欲望：宝宝最喜欢户外生活，为了满足他的这种愿望，可以把户外活动与绘画结合起来。

4 在游戏中培养宝宝的绘画兴趣：爱玩是宝宝的天性，让宝宝在娱乐、玩耍中学习美术知识和技能。如在绘画"放风筝"时，让宝宝将绘画画在准备好的风筝上，然后到户外放风筝。

5 经常改变绘画方式：单一的绘画方式宝宝会感到厌烦，因此应注意不断改变绘画的地点和宝宝作画的位置，来提高宝宝绘画的兴趣。

6 为宝宝提供多种绘画工具：各种工具如漂亮的绘画本、彩色铅笔、蜡笔、水彩笔、毛笔、油画棒以及各种颜料，引起宝宝绘画的兴趣。

妈咪 宝贝

宝宝的兴趣可能随时都会发生变化，如果宝宝突然不想绘画了，妈妈不要勉强，他爱玩什么就让他玩。要记住，这个时期的宝宝，玩耍就是学习。

关注孩子的习惯与教养

如何培养宝宝良好的卫生习惯

早晚刷牙

一旦宝宝学会了刷牙，妈妈就要督促宝宝每天早晚刷牙，慢慢地养成习惯就可以了。如果宝宝不喜欢刷牙，妈妈可以为宝宝制作一个刷牙日程表，每刷完一次牙就在日程表上贴一个可爱的贴纸，并根据宝宝完成的情况对宝宝进行表扬和奖励，使宝宝对刷牙保持浓厚的兴趣，逐步养成早晚刷牙的好习惯。

饭后漱口

除了培养宝宝早晚刷牙的习惯，妈妈还要教宝宝养成饭后漱口的好习惯。父母可以引导宝宝在饭后张大嘴巴照镜子，让宝宝清楚地看到牙缝里的食物残渣，然后再教宝宝如何漱口。

饭前便后要洗手

要宝宝养成饭前便后洗手的习惯，关键是父母要坚持让宝宝必须这么做，告诉宝宝这是生活中必须的事情，父母自己也要这么做，宝宝自然会跟着模仿。有时候宝宝会因为玩得高兴或者太饿了忘记洗手，则需要父母及时提醒一下。

不揉眼睛

父母应时常提醒并督促宝宝不要用手揉眼睛，有的宝宝困了或累了习惯用手揉眼睛，父母应及时帮助宝宝改掉这个毛病，告诉宝宝每个人手上都会带有病原微生物，如果用手揉眼睛会让细菌侵入眼内，引起眼睛充血、感染等。

勤洗手

每天早、中、晚洗脸都要让宝宝洗手，有条件每天要洗一次澡，因为人体不仅会积留灰尘，同时也为细菌滋生繁殖提供了场所，引起皮肤瘙痒而感染病菌。每晚睡觉前都要洗脚洗袜，鞋子也应4~5天换洗一次。

妈咪 宝贝

不要过分讲求卫生，如果宝宝爱玩沙、玩泥巴，父母应给他自由，只要在结束后提醒宝宝洗手、洗澡就行。

培养宝宝自己睡觉

妈妈对宝宝说："你已经长大了，应该自己睡在小床上，不能再和爸爸妈妈睡在一起了。"聪明的宝宝会反问妈妈："妈妈比宝宝还大呢，为什么不自己睡在一张小床上，却要爸爸陪着睡？"妈妈没有办法回答宝宝的问题，不解释不好，瞎解释也不好。所以，如果妈妈打算培养宝宝独睡一个房间，不要找这样的理由。妥当的方法是：

1 布置一个宝宝喜欢的房间，大房间并不适合宝宝住，小一点，增加宝宝的安全感。让宝宝参观，告诉宝宝这是他自己的房间。

2 刚开始可以在宝宝房间哄宝宝睡觉，宝宝睡着后，不要关灯，可安装一个3~6瓦的电灯，不影响宝宝睡眠，又能使夜间醒来的宝宝看到室内的东西。

3 给宝宝找个伴，可以是一只小熊，也可以是一个布娃娃或者是一个小枕头，给它起个名字，让宝宝哄着布娃娃睡觉。

4 宝宝和父母的房门都应该开着，当宝宝半夜醒来，需要找爸爸妈妈时，能够顺利地走到父母房间。

5 深更半夜发现宝宝来到父母房间，或站在那里看着你们，或索性上了床睡在妈妈身边，无论宝宝怎样表现，这时的父母都不该大惊小怪，也不能批评宝宝，要把宝宝搂到你的怀里，继续睡觉。

6 不要答应让宝宝和爸爸妈妈睡，却等到宝宝睡着再把宝宝抱回他自己的房间。这样会让宝宝有不放心的感觉，有可能导致宝宝入睡困难，或在睡眠中被噩梦惊醒。

妈咪 宝贝

如果宝宝总是在半夜三更跑到父母房间，说明宝宝还不能接受独睡，应该继续让宝宝和父母睡在一起，过一段时间再考虑让宝宝独睡的问题。

怎样让宝宝学会良好的就餐礼仪

文明的吃相应从小培养，从小纠正宝宝用餐的坏习惯，培养宝宝的用餐礼仪，是家庭教育中的重要课程之一。

在家进餐时

在宝宝渴望独立进餐时，父母应给予大力的支持，并把下面的基本规则一点一滴地教给宝宝：

①饭前一定要洗手；

②在用餐过程中，必须保持桌面的整洁；

③当与许多人一起用餐时，不能把自己喜欢的菜拖到自己面前；

④细嚼慢咽，餐食在口中时不说话；

⑤不能用手玩饭粒、饭团；

⑥不要把吃不完的东西放回菜盘里；

⑦吃东西、喝汤不要出声，不要发出"啧啧"的声响；

⑧不翻拣盘中食物，筷子上沾有食物不要夹菜；

⑨吃饭时要量力而行，最好是能把碗里的饭吃完，不要剩饭；

⑩吃完饭要将残渣收拾在自己的碗里，座椅放正。

在外就餐时

带宝宝外出就餐应注意下面几个问题：

1 出去前，先跟宝宝说明要求，比如到餐厅不能大声喧哗等。

2 如果等待就餐的时间比较长，可以带他四处走走，看看餐厅周围的摆设或环境，让宝宝有点乐趣。

3 给宝宝准备一些不打扰别人的玩具，在就餐前或是他吃完饭但聚餐还没有结束时拿出来给他玩，以免宝宝觉得无聊而到处乱跑。图画书是最方便、最合适的玩具之一。

4 用餐时，别一口气就把宝宝喂饱，而是和大人进食的速度差不多，否则宝宝一饱就精力充沛，很难再坐得住。

妈咪宝贝　平时可以和宝宝玩一些就餐游戏。如让宝宝和爸爸做客人，妈妈做餐厅的服务员。最后由服务员评选一位"最佳顾客"或是"最有礼貌的顾客"等。

宝宝爱说脏话如何教育

告诉宝宝正确的表达方式

脏话通常是人们表达不满、否定和愤怒等负面情绪时使用的一种语言表达方式，宝宝在学会脏话的同时也明白何时何地可以说这些话，所以在告诉他不能说脏话的时候，要同时说明如何用文明和正确的语言来表达自己的情绪和想法，比如可以说"你错了""我生气了""我不同意"，等等。

及时制止 ——冷处理

当宝宝骂人的时候，直接告诉宝宝，这不是好话，是骂人话，你要这么说，爸爸妈妈不喜欢你，小朋友也不喜欢你。如果他还是继续骂人，你就不要响应他，也

不要骂他，也不要说他，你当没听到。因为你越说他就越兴奋，就越喜欢在你面前说。反而你不理他、不响应他，久了他就觉得没意义，过段时间就会忘记了。

制订奖惩规则 ——学会检讨

可以和宝宝约定，假如他说脏话，会受到惩罚，比如停止游戏，今天不许看电视；而一周不讲脏话，则可以奖一个玩具。几周以后，宝宝的自我约束可能就会变成习惯，再也不讲脏话了。即使有时忍不住又骂人了，那也应当要求他学会检讨，让他明白这样的行为是要付出代价的。

当宝宝向你告状时，你应该怎么办

父母们，当有一天发现你的宝宝开始学会向你告状了，你应该感到欣喜，这表明，宝宝开始用他的小脑袋思考问题了，但是，也别忘了，一定要聪明理智地疏通排解。

1 以尊重、理解宝宝的态度认真倾听。当宝宝告状时，大人不应以"去，我忙着呢！"或简单地应一句"知道了"这样的方法去对待，这对宝宝是不礼貌、不尊重的，会使宝宝更感委屈。大人应耐心倾听，并从宝宝的角度去尊重和理解他。

2 弄清事实，帮助宝宝寻求解决问题的办法。大人应弄清宝宝告状的原因，适当安慰宝宝，但不应完全相信自己宝宝的话，更不应找别的宝宝的父母争吵，应

鼓励、启发自己的宝宝说出事情的过程，想想是谁的错，该怎样解决问题。

3 通过告状，了解自己宝宝的缺点。宝宝告状时说的别人的缺点，很可能也是他自身的缺点。大人应留心，并启发宝宝："××这样做不对，你应该怎样呢？"以帮助自己的宝宝从中吸取教训。

4 不要养成宝宝爱告状的习惯。宝宝告状是难免的，但遇到大事、小事都告状的宝宝就让人头疼了。当宝宝告状时，应尽量鼓励宝宝自己解决问题，千万不要事事包办，否则会养成宝宝的依赖心理，还会助长宝宝只看别人的缺点，不看别人的优点的习气。

宝宝太任性如何纠正

受"以自我为中心"心理的影响，学龄前宝宝往往倾向于从自己的需要和立场考虑问题，常体会不到他人的需要，往往表现得非常任性。

宝宝任性，不善解人意通常体现在：不管大人忙不忙，非要大人陪着玩；想要的东西非要得到，否则就闹个没完；总认为自己是对的，大人跟他讲道理没有用。

那么，如何纠正宝宝任性呢？

首先，面对宝宝任性，父母应给予充分尊重和理解，不应简单地否定、批评宝宝。

其次，要引导宝宝分析事理，宝宝经常会提出一些在大人看来不合情理的要求，如果宝宝的要求是合理的，父母应履行职责，满足宝宝的需要。如果宝宝提出的要求不太合理，父母可暂时采取冷处理，大多数宝宝最终会放弃要求。

再次，要敢对宝宝说"不"。有的父母认为宝宝太小不懂事，对宝宝的要求总是百依百顺，从来不愿说"不"；有的父母经常会在宝宝的哭闹之下，放弃自己的立场，结果更加助长了宝宝的任性。

最后，父母在拒绝宝宝要求的时候，应耐心告诉宝宝自己的想法，并让他理解，爸爸妈妈很不喜欢宝宝用哭闹的方式解决问题，使宝宝逐渐学会讲道理。

妈咪宝贝　一般来说，宝宝的任性、不通情达理和父母的抚养方式有很大的关系。过分娇惯、迁就宝宝，往往会强化宝宝的利己心理，从而难以形成理解他人、为他人着想的习惯。

如何教育"霸道"的宝宝

现在许多父母把自己的宝宝看做"掌上明珠",家人对宝宝是有求必应、百依百顺,特别是爷爷奶奶等长辈们更是对宝宝疼爱有加。这样做容易使宝宝潜意识中慢慢形成一种"众人为我"的心理优势,往往只注重自己的需要,很少主动满足他人的需要,因此宝宝大都不喜欢谦让,甚至有些霸道。

日常生活中,父母应让宝宝意识到好东西不是宝宝一个人的,应该跟别人一起分享,还要照顾比自己小的弟弟妹妹,因为宝宝是大哥哥大姐姐。看电视时,宝宝往往喜欢霸占电视,这时父母应和宝宝商定,轮流看自己想看的节目,而不是一味地迁就宝宝。在小区里玩耍时,要教育宝宝先让给弟弟妹妹玩,或轮流玩耍,而不能自己一个人霸占位置,不让别人玩耍。这样做,能让宝宝意识到其他人的存在,淡化宝宝"众人为我"的心理。

此外,还要在日常生活中,多多培养宝宝的谦让行为。如让宝宝把蛋糕先送给爷爷奶奶吃;家里有小朋友来玩时,提醒宝宝把自己的玩具分给小朋友玩;公交车上别人给宝宝让座时,让宝宝观察一下,周围还有没有比他更需要坐的人……

当宝宝有谦让行为时,父母应及时给予鼓励:"宝宝真懂事,学会照顾别人了!""做得真棒,真是我们的好宝宝!"通过父母的言语强化,宝宝会逐渐懂得怎样做是对的,怎样做是不受人欢迎的。

妈咪 宝贝 晚上睡觉讲故事时,可以给宝宝讲《孔融让梨》的故事,告诉宝宝:"孔融把大的那个梨给自己的哥哥,所以,大家都喜欢孔融,宝宝也要像孔融一样哦!"

防止宝宝产生虚荣心

在家庭教育中，父母要注意避免下面几个问题，否则容易使宝宝产生虚荣心，对宝宝的健康成长危害很大。

1 常在别人面前吹嘘宝宝：父母过高地评价自己宝宝的发展水平，总觉得自己的宝宝最聪明，甚至有些分明是宝宝的缺点，也带着欣赏的口吻加以谈论。这样做会使宝宝从小养成自高自大的心态，想当然地以为自己是最棒的，长大后也总是希望自己什么都是最好的，助长了宝宝的虚荣心。

2 过分强化技能早期训练：过早地让宝宝学弹琴、画画、数数、识字等，不顾宝宝的兴趣、爱好、天赋和能力，什么都要宝宝学，什么时髦学什么。这种教育上的急功近利有害于宝宝真正的发展。

3 一味要求宝宝冒尖显眼：父母认为自己功名无望，把一切希望寄托在子女身上。总担心宝宝落后于人，特别注意宝宝的名次、分数。为了使宝宝出人头地，不惜动用各种奖惩手段，或是物质刺激，或是实行强迫学习。这些教育方式必然导致宝宝求胜心过强而难以承受挫折。

4 过分表扬宝宝：在父母心中，自己的宝宝永远是最棒的，加上现在很多教育学者都在提醒父母要多表扬宝宝，于是很多父母不论大事小事，有事没事，总喜欢夸赞宝宝。这样宝宝自然无法正确地评价自己，也想当然地以为自己是最棒的，什么都要最好的。

妈咪 宝贝

父母对宝宝的各方面情况必须进行全面分析、正确估计，在全面了解宝宝实际水平的基础上，提出合理要求，给出合理评价。绝不可一味要求宝宝什么都要比别人强，一味给予宝宝最好的。

如何让宝宝变得坚强

在自尊、自信、坚强、自制、勇敢等诸多优良性格中，坚强应该算得上是最好的一种。性格坚强的人善于调动自己的积极性和主动性，使自己的大脑和身体都能够长期保持活跃状态，特别容易产生超乎寻常的高效率，在学习和工作中不断取得成功。

如果妈妈想让自己的宝宝将来取得很大的成就，就赶紧行动起来，好好培养一下宝宝坚强的性格吧！

帮助宝宝树立克服困难、走出逆境的信心

挫折是很多人都不愿意经历的痛苦体验。在遭遇挫折的时候鼓起勇气克服困难、走出逆境，更是需要百倍的决心和勇气。如果妈妈能在宝宝受到挫折的时候鼓励宝宝，对宝宝说"宝宝肯定行""妈妈相信宝宝是最棒的"，宝宝就会在妈妈的鼓舞下建立起战胜困难的信心和勇气，性格也会随之变得坚强起来。

让宝宝面对挑战，给宝宝一些锻炼的机会

坚强不是凭空产生的，而是在宝宝和困难作斗争，在不断战胜困难的过程中慢慢积累起来的。如果妈妈能在了解宝宝的基础上，有意识地让宝宝去面对一些经过努力就可以克服的困难（如一个人到熟悉的小朋友家去玩，和客人打招呼，在户外活动时自己翻越障碍，等等），就会使宝宝在克服困难的过程中体验到经过坚持而获得成功的喜悦，从而变得坚强起来。

妈咪 宝贝

身体虚弱的宝宝经常怕这怕那，对人和事积极不起来，性格就很难坚强起来。相反，宝宝的身体好，有朝气，有勇气，就容易培养起坚强的性格。所以，父母要增进宝宝的身体健康，培养宝宝积极乐观的心态。

怎么培养宝宝的责任感

一个2岁多的宝宝在妈妈的带领下逛百货商店，宝宝不小心摔倒了，妈妈马上说："都怪这地板太滑了！"而不是跟宝宝说走路要小心。这样宝宝从小就形成了一个思维习惯：遇到问题先从别人那里找原因，什么问题都是别人的错，从来不会反省自己是否有责任。

再看另一位妈妈是如何教育她的宝宝的：有一天早上送宝宝上幼儿园，妈妈发现宝宝没带课本，在宝宝走之前只提醒了一句："再检查一下，看有没有忘记的东西？"宝宝漫不经心地回答："没有！"背起书包就走了。妈妈也没有吱声。她是这样想的：你提醒他一次，那么以后就得一百次、一千次地提醒，不如给他一个教训，让事实来教育他，使他有点切身感受。

父母们自己权衡一下，上面哪种教育方式对宝宝的健康成长更有利？

要想培养宝宝的责任感，就必须让他为做错的事负责，而不是父母替他去改正，或将责任怪罪到他人的身上，否则他永远也不知道自己错在哪里。比如，当宝宝打伤了别人，有的父母是这样处理的：对宝宝训斥一顿后，让宝宝离开，该干啥干啥去，由父母留下来处理问题。于是，宝宝没事了，什么责任都不用负，天大的责任由父母承担。父母又是道歉，又是赔偿。结果是大人操碎了心，磨破了嘴皮，宝宝却一点感觉也没有，下次呢，该错还错，该忘还忘。这样处理的后果实际上是在鼓励宝宝以后继续闯祸，因为他不需要承担任何责任。所以，当宝宝做错了事时，要让宝宝亲自道歉，并得到相应的处罚，让宝宝记住以后不能再犯。

妈咪 宝贝

父母要从小就开始教育宝宝自己的事自己做，不要让大人代劳。自己的书包、书籍、玩具等物品自己整理，自己的房间自己打扫，自己的被褥自己收拾。

宝宝的破坏欲望强烈，怎么办

一位母亲，因为宝宝把自己刚买的一块金表当新鲜玩具摆弄坏了，狠狠地揍了宝宝一顿，并把这件事告诉了宝宝的老师。这位老师却幽默地回答说："恐怕一个中国的爱迪生被你毁掉了。"母亲不解其意。老师分析说："宝宝的这种行为是创造的一种表现，你不该打宝宝，要解放宝宝的双手，让他从小就有动手的机会。"

这个故事发生在半个世纪前，而那位老师，是20世纪初我国著名教育家陶行知先生。

其实，宝宝爱搞"破坏"是天性使然，也是创造力萌芽的一种表现。

给宝宝适度的"破坏"空间，满足和培养宝宝的好奇心，在家庭教育中是一个极其重要的方面。其实，宝宝如果对某种物件产生兴趣，你不妨加以正确诱导，使宝宝在破坏的过程中认识到更多的知识。比如说，可以当着宝宝的面，把一只气球从空瘪的原状吹胀，再把气放掉，甚至拍破，还可以让宝宝自己试试。再比如说，做父亲的可以和宝宝一起动手，把机械玩具拆开来，看一看玩具为什么会动，然后，再当着宝宝的面一一装好。当然，最好能让宝宝自己动手装，装不上时再帮助他。这样一来，既满足了宝宝的探索心理，又培养了宝宝的动手能力，一举两得，何乐而不为呢？

不过，在满足宝宝的破坏欲之后，父母要告诉宝宝，学会爱惜物品，有些东西破坏了就回不来了，有些东西破坏了能修好的要教宝宝自己修好。

妈咪 宝贝

对于这个时候的宝宝，父母无须买太过昂贵的玩具给他玩。对于一些弄坏了就修不好的玩具，最好在游戏时间给宝宝玩，游戏结束后可以收起来。

怎样向宝宝灌输时间概念

在宝宝还没有明确的时间观念之前，父母可以用具体的事件来替代宝宝心目中比较模糊的时间。比如，早上可以是太阳出来，中午可以是太阳在头顶上，傍晚可以是天黑之前，晚上可以是天黑了。这样，宝宝就能理解时间推移的变化。此外，父母还可经常使用"吃完午饭后""等爸爸回来后""睡醒觉后"等话作为时间的概念传达给宝宝。

如果宝宝对钟表感兴趣，父母可以用钟表来给宝宝灌输时间概念。比如，用形象话的语言告诉宝宝"看，那是表，那两个长棍重合在一起，我们就吃饭了，12点了……"给宝宝在手上面画个表，"宝宝几点了？我们该干什么了？"不断地这样问宝宝，让宝宝有看表的意识。

如果宝宝理解能力够强，父母还可有意识地教宝宝认识时钟。

宝宝知道时间概念之后，父母就要教育宝宝做个守时的好宝宝。如上幼儿园不迟到，答应妈妈看电视只看多久就要做到等。另外，还要培养宝宝节省时间的习惯，常常在讲故事、做游戏等时间里告诉宝宝要抓紧时间，不能浪费时间。要善用智慧，讲究方法，日积月累，使宝宝形成规律、有效、稳定的时间观念。

妈咪 宝贝

培养宝宝的时间观念最重要的是要以身作则，言行一致，定下了规矩就不能借口特殊情况而变动。答应宝宝的事也一定要在说好的时间内做到，这样才能在宝宝心目中树立守时的观念。

宝宝出现口吃怎么办

口吃，俗称结巴。90%有口吃的人是从2岁开始的，这时宝宝急于讲话，一时张口结舌，把要讲的话重复好几次，如果情绪紧张，这种情况不断发生，就容易形成口吃。

宝宝出现口吃，父母不必过于着急，首先要分析口吃的原因，再逐步纠正。

1. 在宝宝讲话时父母要耐心、和蔼地倾听，鼓励宝宝慢慢说，或先想好了再说，使宝宝养成从容不迫的讲话习惯。

2. 当宝宝说话不清时，大人不要取笑他，以免宝宝紧张害羞，不能勇敢地学说话。

3. 纠正不正确的语言习惯。大多数口吃的宝宝伴有不正常的姿势，人们称这种姿势为口吃行为模式。因此，纠正口吃时应注意纠正口吃行为模式，必要时可对着镜子训练宝宝的讲话姿势。

4. 培养宝宝的胆略、勇气和自信，鼓励宝宝多与小朋友及家人交流。多教宝宝练习朗诵、唱儿歌、讲故事，使宝宝语言逐渐流畅，口吃也随之纠正。

5. 如果宝宝不想在生人面前说话，父母不要勉强，以免宝宝紧张时出现口吃，以后说话就会讲得不顺利。

6. 父母跟宝宝说话也要清晰缓慢，切忌讲话太快太突然，否则宝宝听不明白就会紧张，不知道怎么回答，容易引起口吃。

妈……妈……
我我……要……

妈咪 宝贝

宝宝过了2岁，说话顺利之后就不容易发生口吃，但是如果在2岁之内不能矫正，就会成为习惯而使口吃长久保持，这时就要找专业医生进行矫正了。

父母怎样处罚宝宝

及时惩罚

父母一旦发现宝宝的行为有错，只要情况许可就应立即予以相应的惩罚；如果当时的情境(如有客人在场或正在公共场所)不允许立即作出反应，事后则应及时地创造条件，尽可能使宝宝回到与原来相似的情境中去，父母和宝宝一起回顾和总结当时的言行，使他意识到当时的错误行为，并明确要求他改正。

犯错要明说

当宝宝犯错时，父母要明确指出宝宝哪里错了，应该怎么做，达到什么要求或标准，否则有什么样的后果。如宝宝有乱丢东西、不爱整理的习惯，父母在惩罚时就应该让他自己收拾好东西、整理好玩具。父母千万不能含糊其辞甚至让宝宝自己去想。父母不明说，宝宝改错就没有目标，效果就不明显。

点到为止

有些父母教训宝宝喜欢没完没了，而且还时不时地喝问宝宝"我的话你听见了没有？"宝宝慑于父母的威严，为了免受皮肉之苦，只能别无选择地说"听见了"，其实他可能什么都没听进去或者根本就没听。宝宝之所以说知道了，只是顺着父母的意思，为了早点结束训斥。这样没有任何意义，只会让宝宝更加无视父母的教育。

罚了又赏要不得

有很多父母，当宝宝犯错后，爸爸刚刚惩罚过，妈妈一会儿又觉得心疼，马上给他一个糖果来安抚宝宝。这样做宝宝会很快忘记自己所犯的错，会使惩罚失去作用。

妈咪 宝贝

父母平时要就宝宝经常犯错的事情提醒宝宝，以后不能再犯类似的错误，让宝宝对自己犯的错加深记忆，防止再犯。

学会与宝宝平等沟通

2岁的宝宝已经有独立自主的意识，渴望被重视、被尊重，所以父母应该为此感到欣慰，并开始考虑是否该用更尊重的态度、更平等的方式与宝宝交流。

不妨学学这几招：

耐心当听众

无论宝宝讲什么，父母都要表现出认真聆听的样子，让宝宝感觉到爸爸妈妈很喜欢听自己说话，以此激发宝宝的表达欲望。在宝宝漫无边际的讲述中，父母可以了解宝宝的真实想法，发现事情的真正原因，便于说服教育。所以，和宝宝交谈时，父母不要只注重自己怎样说，更重要的是学会聆听。

分享想法

有时候宝宝的心理能量也是不可小觑的，宝宝有时可以帮助父母解开心结。父母遇到烦恼的时候，不妨向宝宝坦露自己的想法，当然要用比较形象的方法说明，否则宝宝会听不明白。比如有一位母亲在工作单位挨了批评，回家问自己的宝宝："假如你做一件事情做了很多次就是做不好，妈妈骂了你，你会怎么想？"宝宝可能会说："那我就再做，做好了妈妈就会表扬我的。"这样的回答，会使这位母亲一下子感到心情舒畅、海阔天空。

共商家庭事务

如果家里想换一台新的彩电，不妨参考一下宝宝的意见。宝宝可能会拍手说："好啊！"也可能指着旧电视说："我喜欢这台。"如果家里正重新装修，父母忙着讨论每个房间的涂料颜色，这时候宝宝同样应当拥有发言权。宝宝可能会兴奋地说："我的房间要粉红色，爸爸妈妈的房间要淡淡的黄色……"

妈咪 宝贝

宝宝若不喜欢与大人沟通，父母也不要勉强，尽量学会融入到他的生活中去。

如何回答宝宝提出的性问题

首先要肯定的是不能回避这个问题，应该给予他明确的答案，蒙混过关的想法是不可取的，父母的态度如果十分暧昧，吞吞吐吐地顾左右而言他，会让宝宝产生不可捉摸的想法，从而越发地对性感兴趣。尤其是2~3岁的宝宝，已经能分辨出父母是否真诚地回答了他的问题，如果他从父母的表情中看到的是谎言，纵然表现出听懂的样子，也会心存疑虑，想去探个究竟。

有些父母认为宝宝还小，用不着给他讲解说明，这是一种不恰当的想法。父母可以用比喻或拟人的方式来讲解生命的起源以及男女之间的差别，以淡然的心态来面对，千万别强制不允许他问，这种过敏行为反而会引起他的好奇心。许多大人存在着"性是不洁的东西，不应该让人知道"的观念，当电视里播出有关性的镜头时，许多父母拿起遥控器就转换频道，也不对宝宝作任何解释，其实没必要这样敏感，你可以用带宝宝去洗手等方式转移话题，如果他看到了也不必大惊小怪，以正常的心态来对待就可以了。

另外，父母在穿衣、更衣的时候，应注意到个人隐私的问题，而且父母本身的亲密关系和举动，也要有所避讳，以免宝宝错误联想，有样学样。

妈咪 宝贝

如果宝宝问："妈妈，我是从哪里来的？"此时你可以简单地回答宝宝："你是从妈妈肚子里面出来的。"其实，最重要的是让宝宝知道，你很愿意回答宝宝所问的问题。

第 **9** 章

0~3岁宝宝
常见病的防治

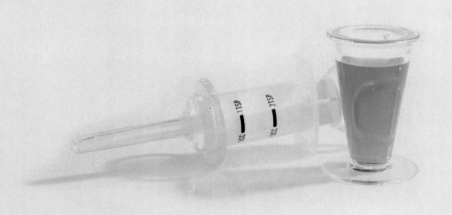

新生儿鹅口疮怎么防治

新生儿患鹅口疮的原因

鹅口疮一般是由于宝宝免疫功能低下、营养不良、腹泻或因感染而长期服用各种抗生素或激素造成的，也有2%~5%的正常新生儿是由于使用被污染的哺乳器具以及出生时吸入或咽下产道中的白色念珠菌而发病。

鹅口疮的基本症状

轻者除口腔舌上出现白屑外，并无其他症状表现；重者白屑蔓延至鼻道、咽喉、食道，甚至白屑层叠，拥塞气道，妨碍哺乳，宝宝啼哭不止。如见患儿脸色苍白、呼吸急促、啼声不出者，为危重症候。

另外，鹅口疮和奶瓣比较像，如果宝宝口腔壁上长了像奶瓣一样的东西，可以先试着用棉签擦一下，能用棉签擦掉的是奶瓣，擦不掉的则为鹅口疮。

鹅口疮的防治措施

1　注意饮食卫生，保持餐具和食品的清洁，如奶瓶、乳头、碗勺要专用，每次用完后需用碱水清洗并煮沸消毒。

2　喂乳前后用温水将乳头冲洗干净，喂乳后再给宝宝喂服少量温开水。

3　平时注意宝宝的口腔卫生，给宝宝喂食以后帮助清洁口腔。如果宝宝年龄太小，可以用温湿的纱布清洁口腔；如果

年龄大一些，则可以让宝宝用水漱口。可用1∶3金银花甘草液等擦洗口腔，每日3~4次，局部溃破可外涂适量冰硼散或1%紫药水。

4　加强宝宝的营养，进行适量的户外活动，增强抗病能力。

5　宝宝的被褥和玩具要定期拆洗、晾晒，宝宝的洗漱用具应和家人的分开，并定期消毒。

妈咪　宝贝

发现宝宝患鹅口疮要及时到医院请有经验的医生治疗。

如何防治宝宝尿布疹

尿布疹发生在兜尿布的小宝宝的臀部，表现为臀红、皮肤上有红色斑点状疹子，甚至溃烂流水。发生红臀时，由于皮肤破损，细菌极易繁殖造成局部感染，严重时细菌从感染的局部侵入血液，会引起败血症。所以，新生宝宝的尿布疹重在预防，发现臀部发红、糜烂时一定要及时治疗。

家庭预防与护理方法

1 红屁屁是可以预防的。预防的关键是勤把尿，及时更换尿布，及时清洗粪便，保持臀部干燥，每次大便后要将臀部洗净、擦干。切忌用碱性的皂类洗涤，应用水、温和的脂类或柔和的宝宝湿纸巾清洁，使用宝宝护臀霜薄薄地涂抹一层，可有效预防和治疗尿布疹。

2 由于宝宝的皮肤娇嫩，易对洗涤剂、柔顺剂等物质过敏，注意给宝宝洗衣服时不要添加这些东西。

3 尿布洗烫后在阳光下晒干再使用。选用合适的纸尿裤与纯棉尿布交替使用，既经济实用，又有助于宝宝的发育。

4 预防红臀还可在擦干臀部水分后，涂上蒸熟凉凉后的花生油、豆油或凡士林，使油脂将尿液与皮肤隔开。

5 在尿布疹严重时，可暂时不用尿布，让宝宝的臀部暴露在空气中，以保持皮肤干爽。

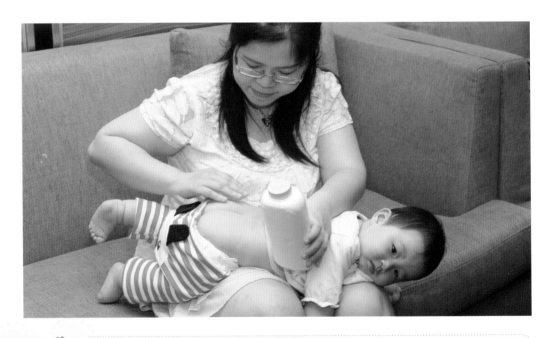

妈咪 宝贝

有些宝宝屁屁受碱性洗涤液的影响，可能会发白色念珠菌感染引起的皮疹，表面看似尿布疹，实际是一种霉菌感染，一定要及时治疗。

病理性黄疸对宝宝有什么危害

黄疸是新生儿期常见的一种现象，如果情况良好，不伴有其他症状，一般称为生理性黄疸，但如果出现以下情况，就应考虑是否是病理性黄疸。

1 黄疸出现早，生下来就有或1~2天内出现，进展快。

2 黄疸重，尿染黄尿布，手足心黄。

3 黄疸消退后，又再次出现。

4 大便呈灰白色。

5 检查血清胆红素时，胆红素超过12mg/dl或上升过快，每天上升超过5mg/dl。

病理性黄疸对新生宝宝最大的影响是对神经的毒性作用，医学上叫做核黄疸，这是一种严重致残、致死的新生儿溶血性脑病。

核黄疸早期表现为嗜睡、吮吸无力、全身软弱无力、黄疸加深，在12~14小时后出现抽搐，转入痉挛期，哭声发颤、变调、短促，两拳紧握，两上肢伸直外展，头向后仰，如不及时治疗，1/3~1/2患儿将死亡，幸存者也有神经系统后遗症。

如何观察宝宝黄疸变化

黄疸是从头开始黄，从脚开始退，而眼睛是最早黄、最晚退的，所以可以先从眼睛观察起。如果不知如何看，可以按压宝宝身体任何部位，只要按压的皮肤处呈现白色就没有关系，是黄色就要注意了。如果觉得宝宝看起来愈来愈黄，精神及胃口都不好，或者出现体温不稳、嗜睡、容易尖声哭闹等状况，都要去医院检查。

妈咪 宝贝

新生儿病理性黄疸应重在预防，如孕期防止巨细胞病毒、乙肝病毒的感染，尤其是孕早期防止病毒感染；出生后防止新生儿败血症的发生。

宝宝得了脐疝怎么办

宝宝呱呱落地后，随着宝宝的成长发育，脐带的愈合和脱落，腹部的这个开口通常会在宝宝1~2岁内逐渐封闭，无须作特别处理。但是当脐带没有愈合，或是宝宝过度哭闹、咳嗽使腹压增高，使腹膜等组织从脐环内向外突出，造成部分肠子从下面跑出来，就会形成脐疝(肚脐外凸)。

脐疝是新生儿期的常见病，早产儿发生较多。虽然脐疝看起来挺吓人，但只要这个突出部位是软的，按压时有弹性，肿得也不厉害，并且宝宝不难受，不觉得疼，那就不要紧。这种脐疝一般在宝宝12~18个月大时就会消失。只有在少数情况下，才需要通过手术来闭合这个开口。

这种情况要赶紧看医生

如果你发现宝宝肚脐周围肿胀得厉害，触摸时宝宝觉得疼痛或有变色等现象，一定要赶快带宝宝去看医生。在极为罕见的情况下，宝宝的小肠会卡在这个开口处，中断这个部位的供血，这就需要立刻做手术了。如果宝宝出现呕吐和便秘，也可能说明有这个问题存在。

护理方法

新生儿发生脐疝是由于新生儿腹部肌肉相对没有肠道肌肉发育得好，脐孔两边

的腹直肌还没有合拢，脐孔由一层薄薄的瘢疤性皮肤覆盖，收缩不好。当新生儿啼哭时，腹压增高，腹腔内的肠子就向脐环鼓出到皮下，而形成脐疝。所以一定要减少宝宝哭闹、咳嗽、便秘等因素引起的腹压增大。

妈咪 宝贝

有的妈妈为了减少肠管疝出，促进脐疝愈合，用钱币包布压在脐疝上，还有些妈妈用脐布粘贴牵拉，这些都是不可取的办法。

如何对待宝宝脱水热

气候炎热，有些宝宝常会出现发热、哭闹、烦躁、睡眠不安等症状，如到医院检查一切正常，服药也无确切疗效，究其原因，是由于宝宝体内缺乏水分所致。医学上将这种情况称为脱水热。

鉴别宝宝是否缺水

鉴别宝宝是否缺水可注意观察宝宝的睡眠与排尿情况。如发现宝宝未到喂奶时间就哭闹不停，睡眠不安或排尿次数明显减少，而且排尿量多，同时还伴有发热、口唇干燥、情绪烦躁等症状，那就可能是因缺水所致的脱水热。这时就要及时给宝宝喂水，最好在两次喂奶中间喂些0.5%的淡盐开水，人工喂养的宝宝在夏季更应多喂些淡盐水，以免发生脱水热。

预防宝宝脱水

1 给宝宝一个凉爽环境：如果宝宝缺水没有得到及时补充，则容易引起脱水，对于这种非病理性脱水，父母只要细心护理就能预防和改善，例如，为宝宝营造一个舒适凉爽的环境，周围温度不能过高，以免大量出汗。

2 多喂白开水：宝宝出汗很多、烦躁不安甚至大便干燥，就是脱水的迹象，及时补水是防止脱水的最佳途径，而与体温温度相似的白开水是最佳选择。此外，4个月以下纯母乳喂养的宝宝，夏天也可以适当喝水。

对于已经添加辅食的宝宝，不仅要注意喝水，还要多给宝宝喝些蔬果汁，但口味一定要注意清淡，避免加过多盐或糖而增加宝宝肾脏的负担，从而加重脱水。

病理性脱水要就医

与正常脱水不同的是病理性脱水，例如，腹泻、脱水热引起的宝宝脱水，父母一定要谨慎对待。光靠喝水并不能解决脱水的问题，父母一定要遵照医嘱，例如，在医院进行输液，或到药店购买口服的补盐液，严格按照说明分次给宝宝服用。

妈咪 宝贝

很多宝宝的脱水属于新生儿脱水热，这种情况除了给宝宝进行物理降温外，最好交给医生处理。

怎样预防和护理新生儿肺炎

新生儿肺炎是新生儿期常见的一种疾病，由于没有成人肺炎的明显症状，所以不易察觉，但危害严重，所以，父母需要对其有一定的了解，以预防和及时诊治。

新生儿肺炎的症状

新生儿肺炎的表现与婴幼儿或儿童患肺炎的症状是很不同的，尤其是出生一两周以内的宝宝，像发烧、咳嗽、咳痰这些肺炎常见的症状是很少见到的。主要表现是精神不好、呼吸加快、不爱吃奶、吐奶或呛奶等，大多数宝宝不发烧，有的有低烧，接近满月的新生儿可出现咳嗽的症状。如果观察到以上这些现象，父母应及时带宝宝去医院就诊，通过医生的检查和拍肺部 X 光片，作出诊断。

新生儿肺炎较严重时宝宝可出现气促、鼻翼扇动、三凹征、心率加快现象。大部分患儿有口周及鼻根部发青的症状，缺乏肺部阳性体征,在患儿深吸气时,能听到细小泡音。

家庭护理方法

1 宝宝居室要保持空气新鲜，阳光充足，室温恒定，保持在22~24℃。并每天通风半个小时，同时要保持一定的湿度(50%以上)。

2 宝宝穿衣、盖被要注意适度，不能过厚，否则容易加重呼吸困难。

3 要尽量减少亲戚朋友的探视，尤其是患感冒等感染性疾病的人员不宜接触宝宝，家庭人员接触宝宝应认真洗手，以防将病原体传给宝宝而使其患病。

4 注意宝宝卫生,最好天天给宝宝洗澡，避免皮肤、黏膜破损，保持脐部清洁干燥，避免污染，以达到预防宝宝肺炎的目的。

5 宝宝得了肺炎后要及时到医院诊治，轻者可在医师指导下在家治疗。

妈咪　宝贝

患肺炎的宝宝易呛奶，喂奶时以少量多次为宜，不要一次喂得太饱，以防呕吐和影响呼吸运动。

如何护理患湿疹的宝宝

湿疹俗称奶癣，是宝宝常见的过敏性、传染性皮肤病，具有复发性，以喂牛奶的宝宝多见。其发生主要与宝宝胃肠道尚未发育完善，免疫功能比较差等因素有关。湿疹主要发生在两个颊部、额部和下颌部。开始时皮肤发红，上面有针头大小的红色丘疹，慢慢会出现水疱，直至结痂脱落。出奶癣时，宝宝又痒又痛，常常哭闹不安，影响喂养和睡眠，或用小手抓痒，导致皮肤细菌感染，使病情进一步加重。

湿疹的护理方法

1. 急性水疱破后不要洗澡，局部每天用1%~4%硼酸溶液湿敷15分钟，外面涂以15%氧化锌软膏。

2. 当湿疹以红丘疹为主时，注意用温水洗澡，不要使用肥皂或浴液，可继续用1%~4%硼酸溶液湿敷，然后外涂炉甘石洗剂。

3. 室温不宜过高，否则会使湿疹痒感加重。环境中要最大限度地减少过敏源，以降低刺激引起的过敏反应，家里最好不要养宠物。保持室内通风，室内不要放地毯。打扫卫生最好是湿擦，避免扬尘，或用吸尘器处理家里灰尘多的地方。

4. 宝宝的贴身衣服和被褥必须是棉质的，所有的衣服领子也最好是棉质的，避免化纤、羊毛制品对宝宝造成刺激。给宝宝穿衣服要略偏凉，衣着应较宽松、轻软，因为过热、出汗都会造成湿疹加重。要经常给宝宝更换衣物、枕头、被褥等，保持干爽。

5. 宝宝得了奶癣，会长期反复，要过一段时间才会慢慢好，不要刺激他的皮肤，喂完东西后要擦干，保持皮肤干爽，要经常换口水垫。每天为宝宝洗澡时要将皮肤皱褶处洗净擦干。

妈咪 宝贝

防止宝宝抓脸，可以暂时给他戴副全棉小手套，以免刺激奶癣。

怎样预防和治疗泪囊炎

很多细心的父母会发现，有时宝宝的眼屎很多，尤其是在夏天，许多父母以为这是宝宝火气重，就给宝宝采取降火措施，其实宝宝很有可能是患了泪囊炎。

泪囊炎的症状

患泪囊炎的宝宝眼屎多，稍大的婴儿可能会伴有流泪，挤压泪囊区往往有脓性分泌物流出。宝宝满月后或稍大时，在不哭闹的情况下，眼睛经常不由自主地流泪。

危害

泪囊炎若长时间没得到有效治疗，会诱发角膜炎、角膜白斑，会导致视力明显下降或造成弱视、近视等。此外，泪囊炎还有可能引起泪囊周围组织发炎，或形成泪囊瘘，会影响容貌的美观。

防病胜于治病

1 早发现早治疗，一旦发现宝宝经常流泪、结膜充血及眼屎增多等症状，应及时就诊。

2 在家给宝宝擦拭分泌物时将指甲剪去磨平，以防损伤宝宝皮肤。

3 使用消炎眼药水前应洗净双手。

护理方法

1 冲洗法：对大多数单纯的鼻泪管闭塞的宝宝，可在眼部滴抗生素眼药水，冲洗泪道，有一部分可通过冲洗通畅。通常冲洗泪道三次左右无效的话，就要采取探通法。

2 探通法：最好在宝宝出生后2~4个月间探通较好，探通前3~4天每日冲洗泪囊，滴抗生素眼药水。该手术的难度较大，有一定的风险，对医生的技术水平要求比较高，因此最好带宝宝到正规大医院就诊，一般宝宝满月后就可接受探通。

妈咪 宝贝

并不是说只要宝宝眼泪多就判定为泪囊炎。泪囊炎多发生在宝宝1~3个月大时。而对于年龄稍大的宝宝来说，眼屎多的原因可能是上火。

如何预防和治疗红眼病

红眼病主要通过接触传染，宝宝只要接触了病人眼屎或眼泪污染过的东西，如毛巾、手帕、脸盆、玩具或门把手等，就会受到传染，在几小时后或1~6天内发病。表现为流泪、眼睛灼热、有异物感；有大量黏液性或脓性分泌物，宝宝早晨会睁不开眼睛；眼睑红肿、白眼珠充血明显，甚至结膜下出血，但一般不会影响视力。

一旦宝宝患上红眼病，应及时到医院诊治，医生会对症下药，若治疗不彻底可变成慢性结膜炎并引起并发症。一般来说，去医院开点抗生素眼药水 (普通药店要处方才能买到，所以建议患病后马上带宝宝去医院)，在家休息两星期就能好。

家庭护理要点

1 宝宝一旦得上红眼病应进行适当隔离，不要带他串门，暂时不要去幼儿园，不要到理发店、浴池，以免疾病蔓延。

2 患红眼病的宝宝使用过的毛巾、手帕和脸盆要煮沸消毒，晒干后再用，并为他准备专用的洗脸用具。

3 饮食清淡，多食蔬菜、新鲜水果等，保持大便通畅。

4 开放患眼，不能遮盖，否则眼分泌物不能排出，反而会加重病情。

5 平时教育宝宝注意个人卫生，做到不用脏手揉眼睛，勤剪指甲，饭前便后要洗手。眼屎多时，要用干净手帕或纱布拭之。洗漱用具个人专用，在红眼病流行期间尽量不去公共场所。

妈咪 宝贝

父母不要自行给宝宝用眼药，以免用药不当加重病情。

宝宝腹泻如何护理

判断宝宝是否患有腹泻

1 根据排便次数：正常的宝宝一般每天大便1~2次，呈黄色条状物。腹泻时会比正常情况下排便增多，轻者4~6次，重者可达10次以上，甚至数十次。

2 根据大便性状：为稀水便、蛋花汤样便，有时是黏液便或脓血便。宝宝同时伴有吐奶、腹胀、发热、烦躁不安、精神不佳等表现。

宝宝腹泻的预防措施

1 注意饮食卫生，包括食材和餐具的卫生，避免饮食过量或食用脂肪多的食物。

2 添加辅食应掌握正确的顺序与原则（前文有提到）。

3 平时应加强户外活动，提高机体抵抗力，避免感染各种疾病。

4 宝宝的衣着应随气温的升降而减增，避免过凉过热。夜晚睡觉要避免腹部受凉。夏季应多喂水。

5 不要滥用抗生素。

护理患腹泻的宝宝

1 不能停止喂食，只要想吃，都需要喂。吃牛奶的宝宝每次奶量可以减少1/3左右，奶中稍加些水。如果减量后宝宝不够吃，可添加含盐水的米汤，或喂食胡萝卜水、新鲜蔬菜水，以补充无机盐和维生素。

2 腹泻会导致宝宝脱水，妈妈要给宝宝补充足够的水。

3 用口服补盐液不断补充由于腹泻和呕吐所丢失的水分和盐分，用量应遵医嘱。

4 注意腹部保暖，以减少肠蠕动，可以用毛巾裹腹部或用热水袋敷腹部。让宝宝多休息。

妈咪 宝贝

如果你的宝宝还不到3个月，一发生拉肚子就要立刻去看医生。如果宝宝3个月以上了，拉肚子的同时出现下列情况时需要去看医生：呕吐，有脱水迹象，比如嘴唇干燥，6~8小时甚至更长时间内无尿，便带血或有黑便，发高烧（38℃以上），不愿意吃东西。

宝宝便秘用什么方法解决

判断宝宝是否便秘

宝宝便秘的特征之一就是大便次数比平时减少，尤其是3天以上都没有大便，而且排便时很难受，那么小家伙可能便秘了。另外，如果宝宝的大便又硬又干，很难拉出来，不管排便次数多少，也可能是便秘。

宝宝便秘的预防措施

1 均衡饮食：宝宝的饮食一定要均衡，不能偏食，五谷杂粮以及各种水果蔬菜都应该均衡摄入。

2 定时排便：每天早晨喂奶后，妈妈就可以帮助宝宝定时排便。

3 保证活动量：每天都要保证宝宝有一定的活动量。妈妈要多抱抱他，或适当揉揉他的小肚子，而不要长时间把宝宝独自放在婴儿床上。

护理患便秘的宝宝

1 可以让宝宝多吃含粗纤维丰富的蔬菜和水果，如芹菜、韭菜、萝卜、香蕉等，以刺激肠壁，使肠蠕动加快，粪便就容易排出体外。

2 清晨起床后给宝宝饮一杯温开水，可以促进肠蠕动。要注意多给宝宝饮水，最好是蜂蜜水，蜂蜜水能润肠，也有助于缓解便秘。

3 如果是牛奶喂养的宝宝，在牛奶中加入适当的糖（5%~8%的蔗糖）可以软化大便。

4 按摩。手掌向下，平放在宝宝脐部，按顺时针方向轻轻推揉。这样不仅可以加快宝宝肠道蠕动进而促进排便，并且有助于消化。每天进行10~15分钟。

5 如多天未解，可用宝宝开塞露或是肥皂条，但不要长期使用。

6 便秘的宝宝不宜吃话梅、柠檬等酸性果品，食用过多会不利于排便。

妈咪 宝贝

适合便秘宝宝的口服药：妈妈爱、整肠生、金双歧片、四磨汤口服液等。具体用药及用量请遵医嘱。

如何防止宝宝患佝偻病

病因

由于体内维生素D不足引起的全身钙、磷代谢失常，使钙、磷不能正常沉着在骨骼的生长部分，严重的会发生骨骼畸形。

症状

患病的宝宝抵抗力低下，烦躁不安、易激惹、夜惊和多汗，在吃奶或哭闹时出汗特别明显，睡觉时汗多，可浸湿枕头。由于汗的刺激，小儿常摇头擦枕，以致枕部一圈头发脱落，出现方颅、前囟门大、10个月还没有出牙等症状。

消瘦的宝宝双臂向上举起时，可以看到一部分的前胸肋骨像串珠一样凸起，有的宝宝胸廓下方像喇叭一样张开，最下面的肋骨明显向外突出，有的宝宝胸骨下部凹陷呈漏斗状，还有的宝宝胸骨中央突起，呈"鸡胸"状。

患儿运动功能发育也明显迟缓，容易并发呼吸道和消化道感染性疾病而危及生命。

预防

1 保证宝宝每天在室外活动2个小时以上。

2 要及时、合理地添加如蛋黄、猪肝、豆制品和蔬菜等辅食，也能增加维生素D的摄入量。

3 母乳喂养宝宝的妈妈，每天应该服400~800国际单位的维生素D。

4 在医生的指导下，给宝宝服用复合维生素D制剂。

妈咪 宝贝

在北方冬春季节，小儿户外活动较少，阳光照射就不足。尤其是烟尘笼罩的城市，阻挡了部分紫外线的透过，所以发病率较高，所以，北方城市里的宝宝更要及早添加辅食和鱼肝油。

急性肠套叠如何发现

肠套叠是婴幼儿常见的一种急腹症，是指一段肠管套入邻近的另一段肠腔内，多发生于4~12个月的宝宝。

婴幼儿时期宝宝的肠管蠕动规律变化较大，容易发生肠蠕动紊乱。当宝宝吃些不易消化的食物，或过食冷饮及有刺激性的食品，就更会增加胃肠负担，易诱发肠蠕动紊乱，导致肠套叠的发生。

当宝宝发生肠套叠时常常表现为阵发性大声哭闹，四肢乱挣动，面色苍白，额出冷汗，表情非常痛苦，还会频繁呕吐、拒食。和一般胃肠道感染最大不同的是在剧烈阵痛后，宝宝似乎又和平常一样会玩、会笑，可是下一波阵痛开始时，又哭号不已，很难安抚，而且间隔越来越近。发病后4~12小时出现暗红色果酱样便或深红色血水便。而在触摸腹部时，可能会摸到一团像香肠的东西。

这种情况要赶紧看医生

阵发性哭闹的宝宝有疑似肠套叠的症状时，应迅速到医院就诊。肠套叠多在宝宝6个月左右发生，父母要尤为注意，一旦发现宝宝有肠套叠症状，应立即送医院，如超过1~2天，会伴有严重的脱水、休克等，需手术治疗。

在送医过程中需注意

1 立即给宝宝禁食禁水，以减轻胃肠内的压力。

2 不能给宝宝服用止痛药，以防掩盖症状，影响医生的诊断。

3 在途中，父母应注意观察宝宝病情变化，如呕吐物，大便的次数、量等，使自己在向医生讲述病情的时候做到尽可能详细。

妈咪 宝贝

父母不要突然改变宝宝的饮食，辅食要逐渐添加，使宝宝娇嫩的肠道有适应的过程，防止肠管蠕动异常。同时还要讲究哺乳卫生，严防病从口入。

宝宝患了风疹怎么办

风疹与麻疹相似，多见于1~5岁的宝宝，风疹并发症较少见，预后多良好。

风疹从接触感染到症状出现，要经过14~21天。病初1~2天症状很轻，可有低热或中度发热，轻微咳嗽、乏力、胃口不好、咽痛和眼发红等症状，一般不易察觉。通常于发热1~2天后出现皮疹，皮疹初为稀疏的红色斑丘疹，以后面部及四肢皮疹融合类似麻疹。出疹第2天开始面部及四肢皮疹会变成针尖样红点如猩红热样皮疹，一般不伴有痒痛等感觉。

风疹无须特殊治疗，一般在皮疹出现后一周左右即可痊愈，可在医生的指导下给宝宝服用中成药或涂抹软膏。但病情严重的，如宝宝高热不退、精神委靡、面色苍白，应立即送医院治疗，以防止并发心肌炎。

家庭护理方法

1 若发现宝宝感染风疹，一定要及时隔离，隔离至出疹后一周。

2 让宝宝卧床休息，避免直接吹风，以免加重病情。

3 宝宝发热期间，让他多喝水。饮食宜清淡、有营养、易消化，多食富含维生素的食物。

4 注意宝宝皮肤的清洁卫生，避免宝宝搔破皮肤，引起感染。

妈咪 宝贝

宝宝长到8个月时，应带宝宝去疫苗接种处接种风疹疫苗。

缓解宝宝咳嗽的方法

家庭科学的护理，可显著缩短宝宝的咳嗽时间，减轻咳嗽症状，在宝宝疾病康复中的作用不容忽视。

1 打开窗户透透气：宝宝晚上咳嗽时，妈妈可以在确保宝宝暖和的情况下打开卧室窗户，让新鲜的空气进入房间，有助于缓解呼吸道膨胀的症状。

2 尽量保持宝宝鼻腔的清洁：如果宝宝咳嗽并伴有鼻塞或流鼻涕的症状，应及时为宝宝清理鼻腔，鼻塞或流鼻涕都将加重咳嗽症状。

3 夜间抬高宝宝头部：如果宝宝入睡时咳个不停，可将其头部抬高。头部抬高对大部分由感染引起的咳嗽是有帮助的。还要经常掉换睡的位置，最好是左右侧轮换着睡，有利于呼吸道分泌物的排出。咳嗽的宝宝喂奶后不要马上躺下睡觉，以防止咳嗽引起吐奶和误吸。如果出现误吸呛咳时，应立即取头低脚高位，轻拍背部，鼓励宝宝咳嗽，通过咳嗽将吸入物咳出。

4 水蒸气止咳法：咳嗽不止的宝宝在室温为20℃左右，湿度为60%~65%的环境下症状会有所缓解。如果宝宝咳嗽严重，可让宝宝吸入蒸气；或者抱着宝宝在充满蒸气的浴室里坐5分钟，潮湿的空气有助于帮助宝宝清除肺部的黏液，平息咳嗽。

5 热水袋敷背止咳法：热水袋中灌满40℃左右的热水，外面用薄毛巾包好，然后敷于宝宝背部靠近肺部的位置，这样可以加速驱寒，能很快止咳。

6 热饮止咳法：多喝温热的饮料可使宝宝黏痰变得稀薄，缓解呼吸道黏膜的紧张状态，促进痰液咳出。最好让宝宝喝温开水或温的牛奶、米汤等，也可给宝宝喝鲜果汁，果汁应选用刺激性小的苹果汁和梨汁等，不宜喝橙汁、西柚汁等柑橘类的果汁。

妈咪 宝贝

给宝宝使用咳嗽药时，要注意不要单纯使用镇咳药，小孩咳嗽多为有痰咳嗽，应先祛痰再止咳。

小儿支气管炎如何防治

小儿支气管炎多见于1岁以下的宝宝，春冬季节是该病的高发期。前期有感冒症状，如咳嗽、喷嚏，1~2天后咳嗽加重，出现呼吸困难、喘憋、面色苍白、夜间张口呼吸，肺部有鸣音。症状严重时可伴充血性心力衰竭、呼吸衰竭、缺氧性脑病以及水和电解质紊乱。一般体温不超过38.5℃，持续1~2周。

急性支气管炎一般1周左右可治愈。有部分患儿咳嗽的时间要长些，逐渐会减轻、消失，适当地服些止咳剂即可。不过在患病的早期，对于痰多的患儿，不主张用止咳剂，以免影响排痰。痰稠咳重者可服用祛痰药。

护理方法

1 注意保暖：寒冷的刺激会加重支气管炎病情，父母要随气温变化及时给宝宝增减衣物，特别是宝宝睡觉时要使体温保持在36.5℃以上。

2 补充水分：小儿患支气管炎时有不同程度的发热，水分蒸发较快，应注意给宝宝多喂水。可用糖水或糖盐水补充，也可用米汤、蛋汤补给。饮食以半流质为主，以增加体内水分，满足机体需要。

3 营养充分：小儿患支气管炎时营养物质消耗较大，容易造成宝宝体内营养缺乏。父母对宝宝要采取少量多餐的方法，多让宝宝吃清淡、营养充分、均衡、易消化吸收的半流质或流质食物，如稀饭、煮透的面条、鸡蛋羹、新鲜蔬菜、水果汁等。

4 翻身拍背：宝宝咳嗽、咳痰时，表明支气管内分泌物增多，为促进分泌物顺利排出,可给宝宝拍背，还应帮助宝宝每1~2个小时翻身一次，使宝宝保持半卧位，有利于痰液排出。

妈咪 宝贝

有部分患儿发展为肺炎，就按护理肺炎患儿的方法精心护理。如果急性支气管炎发作时缺氧、发热，必须住院治疗。

宝宝患中耳炎如何护理

中耳炎，一般是普通感冒或咽喉感染等上呼吸道感染所引发的疼痛并发症，是宝宝发生耳痛的一种常见病因。

中耳炎的症状

1 听力减退：听力下降、自听增强。宝宝常对声音反应迟钝，注意力不集中。如一耳患病，另一耳听力正常，可能长期不被觉察，而于体检时才被发现。

2 耳痛：急性者可有隐隐耳痛，常为患者的第一症状，可为持续性，也可为抽痛。慢性者耳痛不明显。此病常伴有耳内闭塞或闷胀感，按压耳屏后可暂时减轻。

3 耳鸣：多为低调间歇性，如"噼啪"声、"嗡嗡"声及流水声等。当头部运动或打呵欠、擤鼻时，耳内可出现气过水声。

护理方法

如果不小心将宝宝耳朵弄湿，无论是否有感染的迹象，父母都应记得去除宝宝耳朵内的水分。方法：将外耳向上及向外拉，使耳道伸直。让吹风机距离耳朵5~10厘米，向耳内吹。以暖风或冷风吹30秒。如此可以消除细菌及霉菌生长的温湿环境。

当宝宝患上中耳炎后，父母应该让宝宝服用解热镇痛剂溶液，而且让患部靠在包裹着毛巾的热水袋上。用温水充填热水袋，让头部疼痛的那一侧朝下，以便让耳朵的渗出液排出来。如果是婴儿耳痛，用一条柔软的毛巾紧靠他的患部即可。还应该在24小时内带他前去就诊。

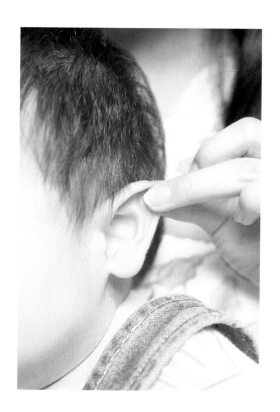

妈咪 宝贝

擤鼻涕方法不正确也可导致中耳炎。有的人擤鼻涕时往往用两手指捏住两侧鼻翼，用力将鼻涕擤出。这种擤鼻涕的方法容易引发中耳炎。

如何预防宝宝龋齿

龋齿，俗称虫牙、蛀牙，是儿童最常见的牙病，多因宝宝食用过多甜食、缺乏钙、含着奶嘴睡觉、不注意口腔卫生等引起。

预防牙病最有效的方法：刷牙

宝宝到了2岁以后，白生生的牙齿就基本长齐了，这时就该正式开始学刷牙了。

1 宝宝2岁后就可练习刷牙，养成早晚刷牙的好习惯，要给宝宝选择合适的牙刷和牙膏，要竖刷不要横刷。不能刷牙的要坚持漱口，在喂奶后给宝宝喝清水。

2 少让宝宝吃零食、甜食，尤其是睡前不要吃东西。

3 按时给宝宝添加辅食，练习宝宝的咀嚼能力。正确服用维生素D和钙制剂，增强牙齿强度。

4 宝宝幼儿时磨牙的表面窝沟比较深，容易积聚细菌而引发龋齿。因此，将窝沟封闭起来以阻止细菌侵入，可有效预防龋齿发生。

5 父母亲近宝宝前应用药物牙膏刷牙，咳嗽、打喷嚏时应避开宝宝，切勿将食物经自己咀嚼后再喂给宝宝。

护理方法

1 1~2岁的宝宝，父母可用消过毒或煮沸的纱布，蘸一下洁净的温开水轻轻擦过宝宝口腔两侧内的黏膜、牙床及已萌出的牙齿，坚持每次饭后、睡前各一次。

2 2岁后的宝宝，除了用上述方法外，父母还应以示教的办法教会宝宝用淡盐水或温开水练习漱口，坚持每次饭后、睡前各一次。

3 3岁的宝宝，父母应开始引导和教会他自己刷牙，要督促宝宝养成饭后漱口的习惯。

妈咪 宝贝

发现龋齿，父母应及时带宝宝看牙科医生。最好半年带宝宝作一次牙齿检查。检查宝宝的牙齿，包括乳牙的生长情况、有无龋齿等，以便及早发现异常情况。

图书在版编目(CIP)数据

育儿百科图谱／岳然编著. —北京：中国人口出版社，2012.11

ISBN 978–7–5101–1432–8

Ⅰ. ①育⋯　Ⅱ. ①岳⋯　Ⅲ. ①婴幼儿—哺育—图谱

Ⅳ. ①TS976. 31–64

中国版本图书馆CIP数据核字(2012) 第243396号

育儿百科 图谱

岳然　编著

出版发行	中国人口出版社
印　　刷	北京盛兰兄弟印刷装订有限公司
开　　本	787毫米×1092毫米　1/16
印　　张	16
字　　数	200千
版　　次	2013年1月第1版
印　　次	2013年1月第1次印刷
书　　号	ISBN 978–7–5101–1432–8
定　　价	49.90元(赠送CD)

社　　长	陶庆军
网　　址	www.rkcbs.net
电子信箱	rkcbs@126.com
电　　话	(010) 83534662
传　　真	(010) 83515922
地　　址	北京市西城区广安门南街80号中加大厦
邮政编码	100054